艺术设计
ARTDESIGN

高等院校艺术学门类『十三五』系列教材

中外建筑史（第二版）
ZHONGWAI JIANZHUSHI

主编 金慧

副主编 李刚 叶萌 罗维安 林白云山 涂芳 张柳

参编（排名不分先后）

董秋敏 汪月 孙凰耀 钱 浩 叶 津 熊 杰

赵飞 张钰

华中科技大学出版社
http://www.hustp.com
中国·武汉

内 容 提 要

建筑凝聚着人的生活、情感和审美需要，成为人类文明进步的见证、文化的标志。地域、气候、环境、文化和习俗等的差异，成就了建筑的多样性。

本教材以社会发展史为主线来讲解中外建筑发展史，主要阐述中外建筑的起源与发展，对中国古代和近代建筑的发展概况、类型特征，以及外国各历史阶段最具代表性的建筑风格、建筑流派、代表人物与代表作品进行了详细的阐述和介绍。本教材结合大量建筑设计经典图片，对不同时期、不同艺术风格的建筑实例进行设计要素、设计处理手法及现代材料与技术对建筑的影响等方面的分析，引导读者在建筑设计中培养实践和创新能力。本次再版，对中国近代建筑部分进行了补充，从总体结构上对外国建筑史进行调整，脉络清晰、重点突出、内容精炼、图文并茂，更适合读者使用。

本教材是根据应用型高等院校和高等职业教育院校建筑设计类专业的培养目标和教学要求编写而成的，共十五章，可作为高等院校建筑设计、城镇规划、环境艺术、室内与装饰设计等专业的教学用书，亦可作为设计人员的岗位培训教材、参考书或阅读用书。

图书在版编目(CIP)数据

中外建筑史/金慧主编. —2 版. —武汉：华中科技大学出版社，2018.5(2022.7 重印)
ISBN 978-7-5680-2907-0

Ⅰ.①中… Ⅱ.①金… Ⅲ.①建筑史-世界 Ⅳ.①TU-091

中国版本图书馆 CIP 数据核字(2017)第 126963 号

中外建筑史(第二版) 金 慧 主编
Zhong-Wai Jianzhushi

策划编辑：袁 冲
责任编辑：段亚萍
封面设计：孢 子
责任监印：朱 玢
出版发行：华中科技大学出版社(中国·武汉)　　电话：(027)81321913
　　　　　武汉市东湖新技术开发区华工科技园　　邮编：430223
录　　排：华中科技大学惠友文印中心
印　　刷：武汉科源印刷设计有限公司
开　　本：880 mm×1230 mm　1/16
印　　张：10.5
字　　数：340 千字
版　　次：2022 年 7 月第 2 版第 5 次印刷
定　　价：39.00 元

建筑是人类生活的物质环境，随着人类的文明与进步而不断发展。人塑造了建筑，建筑也成就了人类。建筑凝聚着人的生活需要、情感、审美和追求，成为人类文明进步的见证、文化的标志、情感的寄托。地域、气候、环境、文化和习俗等的差异，成就了建筑的多样性，各国建筑呈现出不同的风格和特点。它们所表现出的高超建筑技术、精湛的建筑工艺、独特的艺术表现形式和风格，各成体系，独树一帜。

中外建筑史是艺术专业的一门专业基础课，也是环境设计专业的必修课。学习中外建筑史，可以更好地理解和掌握各国建筑发展、历史文化的相关知识。合格的环境艺术设计师，在策划、规划和景观设计、室内外环境设计方面都应具有系统的中外建筑史知识、丰富的专业知识，以及独到的艺术审美能力。

本教材较系统地讲述了中外建筑史的基本知识。使读者通过对各重要历史时期的建筑风格、特点及经典建筑实例的学习和了解，提升设计素养和文化内涵，启迪设计智慧和灵感，博采众长，从而提高建筑文化知识的理论素养，丰富创作思维，理解不同文化与建筑表现的内在规律，较全面地探究中外建筑发展的一般规律，归纳和总结各种历史建筑的设计技巧与设计方法，并应用于建筑设计艺术的学习和实践。中国建筑史部分，系统阐述了中国古代建筑在长期的历史演进中逐步形成的一种成熟的、独特的建筑体系；外国建筑史部分，系统阐述了世界建筑的历史沿革，介绍了各个历史时期建筑的艺术风格和设计处理手法。教材的主要内容有世界古代建筑的特色与成就、信仰与宗教对建筑的影响以及现代材料、现代技术对建筑的影响等，介绍了国际建筑界影响较大的、具有代表性的建筑师、建筑学派，也介绍了建筑物等方面的相关知识。另外，本教材收集了不同历史时期的大量建筑设计的经典图片，将建筑的历史性、延展性以及流派和风格特征准确、明晰地表达出来，能较好地引导读者运用全面的建筑设计知识，有效地将有关建筑设计创造性思维，有步骤、有计划地付诸实现，从而提高读者的艺术创造力。

本教材重点突出了应用型院校的教学特点，尤其是在介绍国外现代建筑方面突出了时效性，文字叙述简洁，重点突出建筑师及其设计的建筑实例，对环境设计专业学生的学习更有针对性和指导性。在本次改版中，我们本着与时俱进、教学创新的原则，着重对近现代建筑的理论部分进行了教学创意设计，其目的就是减少理论讲授，增加相关图片，提高学生的学习兴趣。

距本教材第一版出版已经过去五年多了，其间很多同行和读者来电、来信表示了对本书的关心和支持，并提出了一些建议，在此编者向所有读者表示诚挚的谢意。本次修订呈现给读者的第二版，基本保持了第一版的中国建筑史部分，增加了由汪月编写的中国近代建筑部分，使中国建筑史比较完整；重新编写了外国建筑史部分（由董秋敏、叶津等老师负责），从总体结构上对外国建筑史进行调整，使其语句简洁生动，减少了大量的文字，增加了大量的图片，逻辑更紧密、更合理，让学生能更清楚地了解外国著名的建筑。

　　本次修订过程中,得到了文华学院城市建设工程学部、武汉东湖学院传媒与艺术设计学院和武昌首义学院艺术设计学院的大力支持,大家通力合作,精心编纂,使得教材再版得以顺利付梓。在此真诚感谢各位同事、同行的辛勤付出和华中科技大学出版社的大力支持!

编　者

2018 年 3 月

目录

中外建筑史(第二版)

第一部分

中国建筑史

绪 论

中国是世界四大文明古国之一。与其他几个文明古国相比，中国的地理位置相对偏远，在中国与其他文明古国之间是一望无际的大漠和高不可攀的雪山。这样的地理特点造就了中国古代文明的两个与众不同的特点。第一个特点是中国古代文明甚少遭受强有力的外族毁灭性的入侵，而有限的入侵者或者遭受驱逐，或者遭到同化，这样一来，中国古代文明的基本形式能一直平稳和不间断地延续至今。第二个特点是伴随第一个特点而来的，由于中国古代文明罕见的连续性，使之能在历史发展的某个特定时期达到世界的顶峰，但由于缺乏与其他文明的沟通和交流，中国古代文明逐渐故步自封，不思进取，背负上沉重的历史包袱，以致一个泱泱大国到19世纪中叶时沦落为被列强欺侮、贫穷落后的半殖民地国家。

中国古建筑以其独特的造型和结构，自立于世界建筑之林。中国古建筑有哪些独特性，这是下面我们所要讲述的。

一、中国古建筑的外部轮廓特征

中国古建筑外部特征明显，迥异于其他体系的建筑，这形成了其自身风格的要素。中国古建筑外部的优美轮廓常留给人极深的印象，富有特殊的吸引力。中国的房屋由三部分组成：顶、基、身。

（一）翼展的屋顶部分——功用、结构、造型

中国古建筑屋顶浪漫神秘的曲线迥异于西方。在中国建筑中屋顶是极受重视的一部分，从其结构构造到外部装饰，无不极力求善求美。在功用上，中国古建筑屋顶同时考虑了采光、防水等多重功能，屋顶呈坡形，起到"上尊而宇卑，则吐水疾而溜远"的实效，使水不在房顶驻留。后来为了解决采光和檐下溅水问题，发明飞檐，使檐角微呈曲线。在结构上梁架层叠，使用举折之法，以及应用角梁、翼角、椽、飞椽、脊吻等构件。在外形上形成种种柔和壮丽的曲线和各种造型，如庑殿、歇山、悬山、硬山、卷棚。

（二）阶基的衬托

中国古建筑的另一特征是它所具有的阶基，它与崇峻屋瓦相呼应，周秦西汉时尤为如此。高台之风与游猎骑射并盛，其后日渐衰微，至近世阶基渐趋扁平，仅成文弱之衬托，不再如当年之台榭，居高临下，作雄视山河状。但唐宋以后，阶基出现的"台随檐出"，从外域引入的"须弥座"等仍为建筑外形显著的轮廓。与台基相连的部分，如石栏、辇道、抱鼓石等附属部分，也是各有功用并都是极美的点缀物。

（三）屋身

屋顶与台基间是中间部分——屋身，无论中国建筑物外部如何魁伟壮观，屋身的正面仍是木质楹柱和玲珑精美的窗户，很少用墙壁。当左右两面为山墙时，也很少开窗。在屋身的外檐装饰上常是尽精美之能事，无论是格扇门，还是棂窗都美轮美奂。

二、木结构为主要结构方式

建筑因其材料产生其结构，又因结构形成形式上的特征。当世界其他体系建筑开始用石料代替原始的木料时，中国始终以木材作为主要建筑材料，所以其形式一直为木造结构之直接表现。中国工匠长期重视传统经验，又忠于材料之应用，故中国木构因历代之演变，乃形成遵古之艺术。同时，匠人对其他材料尤其是石料相对而言缺乏了解，虽也不乏用石之哲匠，如隋安济桥建筑者李春，但通常石匠用石方法模仿木质结构，凿石为卯

榫,使石建筑发展受到局限。

结构,由承重构件组成的体系,用以支承作用在建筑物上的各种荷载。

中国工匠创造了与这种木结构相适应的各种平面和外观,有抬梁式、穿斗式、井干式三种结构方式。抬梁式是最常用的,以间为单位,在四根垂直的木柱上,用两横梁、两横枋(左右称梁,前后称枋),筑成一基本间架。再在梁上筑起层叠的梁架,以支撑横桁,清代称之为脊枋、上金枋、檐枋等。在横枋上钉椽,有时上垫板,以承瓦板,这是抬梁式最简单的要素。抬梁式之所以成为使用范围最广的建筑形式,主要是因为其具有以下几个优点。

第一是承重与围护结构分工明确。

这一点和今天的框架结构有相似之处,这给予了建筑物极大的灵活性。抬梁式结构使得建筑物可以装上门窗成房屋,也可以做成四面通风的凉亭,还可以做成密封的仓库。可以把结构构件预先制作,或易地重建。

第二是便于适应不同气候。只要在房屋高度、墙壁材料、门窗大小上加以变化,就可以广泛适应各种气候条件的地区。

第三是其柔韧性能够减少地震的危险。由于木材的特性、构架节点上使用的斗拱和卯榫的伸缩性,这种结构在一定程度上可以减少地震造成的危害性。

第四是材料供应方便。虽然木材在防火、防腐、耐用方面有严重的缺点,但中国古代大多数地区,木材是最易找到的材料。

穿斗式结构是沿着房屋进深方向立柱(其柱间距较小,而且与抬梁式相比,柱可以小一些),再用檩直接贯通各柱,使柱直接承受檩的重量。这种形式在汉朝已经相当成熟,在今天的南方诸省,如四川农村,还在普遍使用,也有与抬梁式混合使用的。

井干式结构是用天然圆木或其他形式木料,层层累叠,构成房屋壁体。周汉的陵墓曾长期使用这种结构,汉初宫苑也有井干楼,不过是把它建于干栏式木架上。

三、在组群布置上的特点

中国古建筑体系在平面布局上具有一种简明的规律,就是以间为单位构成单座建筑,再以单座建筑组成庭院,进而以它为单元,组成各种形式的组合。

国画中的楼阁宫苑,都会被处理成登高俯视之图,尽显其美,这是因为组合美是中国古代建筑的一大特点。在主要建筑物旁,一般要配合围绕一些其他建筑,如配厢、夹室、廊庑、周屋、山门、前殿、围墙、角楼等,成为一个美丽的布局。中国古建筑的平面布局与宗教意识形态、社会组织制度、风水等有着密切的关系,是一门很有趣的学问,将在以后的内容中专门讲述。

在古典建筑中,有各种精美的细节,如斗拱、脊饰、柱础、雀替、窗扇、栏杆、藻井、琉璃瓦等。这些精美的细节是古典建筑的魅力之一,在这些精美的细节中可以清晰地看到过去生活的痕迹。

体会到古典建筑的真正内容,不是一件容易的事。首先它们是所在时代、所在社会、所处发展阶段的结晶,其次它们是民族精神、民族文化的积累。越来越多的人会发觉古典建筑的温柔动人之处。当那种精致的美、那种反映过去时代人文精神光辉的古典精粹在我们身边越来越少的时候,我们也会越来越怀念它。

学建筑的人坚信美是可以创造的,但古典建筑那种精致、婉约、和谐的美是很难仿造出来的。即使样子可以仿造,但古典建筑中凝聚的岁月和情怀是现代机器无法制造的。每当看到一些或精美,或宏大,或和谐的古典建筑时,你心里可能会有一刹那安详平和的感觉,尽管你可能不清楚这感觉来自何处。

在了解和认识了古典建筑的美之后,会发现自己变得更加完整了。在了解了中国古典建筑之时,也了解了自己的民族,了解了自己。最重要的是,在深刻认识了古典建筑的美之后,它的情怀也许会不经意地在你的笔下再生,传达给更多的人,这是建筑系学生学习古典建筑最重要的意义。

这部分将简要回顾中国古代建筑的发展历程。在漫长的几千年文明发展过程中,中国古代建筑逐渐形成了具有高度延续性的独特风格,在世界建筑艺术宝库中占有重要的一席之地,并对周边国家产生过重要影响。

任何一座古建筑都与其时其地的气候、物产材料的供给、民族风俗、社会制度、政治和经济的状况,尤其与所处时代的文化艺术、技术水平有着莫大的关系,因此每个时代的建筑规模、形体、工程、艺术的嬗变,乃其所在时代的缩影。梁思成在《中国建筑艺术图集》中写过一段让人印象深刻的话:当时的匠师们,每人在那不可避免的环境影响中工作,犹如大海扁舟,随风飘荡,他们在文化的大海里漂到何经何纬,是他们自己所绝对不知道的。在那时期之中,唯有时代的影响,驱使着匠师们去做那时代形成的样式;不似现代的建筑师们,自觉地要把所谓自己的个性,影响到建筑物上去。

现在我们试将两千年历史中的中国古建筑的发展分为六章,在每个章节取几个代表性的现存实物资料来看中国古建筑的演进。

第一章　秦以前的建筑

我国境内目前已知的最早的原始人类住所是大约 50 万年前旧石器时代北京猿人居住的天然岩洞,北京猿人在这里生活了至少 30 万年。北京、辽宁、贵州、广东、湖北、江西、江苏、浙江等地都发现了原始人居住的天然岩洞,可见天然岩洞是旧石器时代用做住所的一种较普遍的方式。

在我国古代文献中,曾记载有巢居的传说,因此有人推测,巢居也可能是地势低洼潮湿而多虫蛇的地区采用过的一种原始居住方式。地势高的地区则营造穴居。

六七千年前,我国广大地区都已进入氏族社会,已经发现的遗址数以千计。房屋遗址也大量出现。由于各地气候、地理、材料等条件的不同,营建方式也多种多样,其中具有代表性的房屋遗址主要有两种:一种是长江流域多水地区由巢居而来的干栏式建筑;另一种是黄河流域由穴居发展而来的榫卯结构。

第一节　新石器时代遗址

一、半坡遗址

半坡遗址位于西安市以东,是一个有 6000 年左右历史的母系氏族公社村落遗址,属于新石器时代的仰韶文化。半坡遗址现存面积约 5 万平方米,分居住区、墓葬区和制陶区三个部分。发掘面积为 1 万平方米,共发现房屋遗址 46 座,圈栏 2 座,储藏物品的地窖 200 多个,成人墓葬 174 座,小孩瓮棺葬 73 座,陶窑遗址 6 座。居住区四周环绕一条壕堑围护。平时壕堑为一道防护野兽的屏障,雨季可以疏导积水。这就是后世城壕的原型。

壕堑北面是墓葬区,为氏族公共墓地。墓中死者一般都头部向西,以单人葬为主,也有两人、四人葬;其中,儿童大多不葬于公共墓地内,而是置于瓮棺内,埋在房屋附近。

半坡人获得食物的途径,一靠狩猎,二靠捕鱼,三靠种植。他们已进入到比较发达的原始农业阶段。现已发现半坡人盛粟的罐和粟腐朽后的遗物,证明我国是最早栽培粟的国家。半坡人还制作了纺轮、骨针和大批的彩陶。如人面鱼纹盆、陶瓷、陶罐、陶甑与尖底瓶等生活用陶器。陶钵的口沿上还刻有二三十种符号。

二、河姆渡遗址

河姆渡遗址也为新石器时代遗址,位于浙江省余姚市河姆渡镇东北,面积约 4 万平方米,1973 年开始发掘。遗址有四个相互叠压的文化层,从距今约 5000 年的第一文化层到距今约 7000 年的第四文化层。特别是在第四文化层,整个发掘区布满了密密麻麻、大大小小的木桩和纵横交错的木构件,诸如柱洞、柱础、圆柱、方柱、圆木、桩木、排桩、板桩、地龙骨、横梁、木板之类。十几道有规律的排桩、板墙,长达 23 米多。经古建筑学家鉴定,河姆渡先民的住房是目前发现最早的干栏式建筑遗迹。因为河姆渡地区当年是沼泽地带,地面潮湿,所以先民先是在地上打桩,在上面架设地梁,铺上木板,构成架空的居住面,在四周排起密密的木桩作墙,然后立柱架梁盖顶。这种底层高于地面,既能防潮又能防止野兽侵袭的干栏式建筑是我国南方传统木构建筑的祖源,至今在有些地区仍存在。尤其是在两构件垂直相交的节点上,依靠粗劣的石器和骨器,创造了多达十余种形式的榫卯。这把我国建筑上应用榫卯技术的历史推前了 3000 多年。他们还会人工饲养猪、狗、水牛,制作骨哨,人工栽培水稻。河姆渡遗址大量文物的发现,证明早在六七千年以前,长江下游已经有了比较进步的原始文化,为我们对原始社会农业、建筑、艺术、纺织以及对古地理、古气候等学科的研究提供了极为珍贵的资料。

三、仰韶文化遗址

前 4600—前 3600 年的陕西临潼姜寨遗址是已发掘的最大一处仰韶文化遗址,其建筑形式和布局与西安半坡遗址大体相当,但规模更大。村落的三面挖有壕沟,一面临河。其中房屋可以分为五组,每组都以一个较大的方形建筑为核心,基本上都是半穴居的形式。

第二节 夏、商、周时期的建筑

一、夏朝的建筑

在前 21 世纪,中国建立了第一个朝代——夏朝。

夏朝的活动区域主要是黄河中下游一带,而中心在河南西北部和山西西南部。夏朝已开始使用土地,人们懂得了一些天文历法知识,不再消极地适应自然。夏朝曾修建了城郭沟池,建立军队,制定刑法,修造监狱,同时又修筑了宫室台榭等。

二、商朝的建筑

以河南中部及北部的黄河两岸为中心的商,势力不断强大,灭夏后势力范围东到山东,西达陕西,北抵河北,南到湖北。商朝掌握了冶铜技术,会用铜制作兵器、礼器、工具、车马具等。其中在郑州一带一处炼铜作坊的面积达 1000 平方米以上,其周围还有手工业作坊。在作坊附近的住所,多为长方形的半地穴,地面敷有白灰面,另有一些建在地面上较大的房屋遗址,平面呈长方形,有版筑墙和夯土地基。商朝的夯土高台用夯杵分层捣实而成。有了夯土技术就可利用黄河流域经济而便利的黄土来做房屋的台基和墙身,后来春秋战国时代这种技术还广泛应用到筑城和堤坝工程中。

今河南偃师市二里头村东北的洛河北岸,发现商早期齐全的宫殿遗址。《汉书·地理志》:"尸乡,殷汤所都。""尸乡"为偃师的古称。现在当地还称"尸乡沟",这里很可能是商都西亳。商王盘庚后期迁都于殷(今河南安阳小屯村),成为商的政治、军事、文化中心。现在考古发掘的殷墟分北区、中区、南区三个区。

北区有大小基址 15 处。其中大型基址的平面呈长方形或凹字形,方向朝东;小型基址的平面呈长方形或正方形,朝南。此区基址的分布情况颇为分散,也没有人畜墓葬,可能是王室的居住地区。

中区的南北长约 200 米,有大小基址 21 处,布局较北区整齐,而北端的黄土台,显然是主要建筑遗址。此台往南,轴线略偏西,沿着轴线有门址 3 处。南端第一道门址内,有一组较大的基址,夯土层互相重叠,其东端被洹水冲去。这座基址之北,西侧有南北长达 80 米的条状基址。基址的东侧低而窄,可能是前廊,而西侧为主屋。与此基址相对的部分,被河水冲出一个大缺口。第二道门址位于条状基址的中段稍北。第三道门址则与条状基址的北端相接。基址下埋有牲人和牲畜,每一门址下有四五个牲人持戈、盾和贝。推测中区应是商朝的宗庙与处理政务的地区,也是王宫的核心部分。

南区位于中区的西南,规模小,有 15 处基址,北端方形基址为全组的中心,这里是商王的祭祀区,建筑年代比北区和中区晚。

据史书记载,商纣王在殷都附近建造了巨大的粮仓和高大的鹿台,用来储藏粮食和财宝。

从甲骨文中的"席"字和青铜器上的"宿"字判断,当时室内铺席供坐跪,家具有床、案等。

在殷墟的陵墓区,发现了各种形状的墓。一般在土层中挖一方形深坑作为墓穴。墓穴向地面掘有斜坡形墓道。小型墓仅有南墓道,中型墓有南北两墓道,大型墓则具有东西南北四墓道。

三、周朝的建筑

周族生活在商的西北面的陕西、甘肃一带,是商的一个属国。先周时曾以周原为都,周武王为控制中原的商,在灭商后建都丰京、镐京(今西安西南),历史上称西周。西周为巩固统治,采用分封制,将土地、人分给亲属、功臣建立诸侯国,诸侯必须服从周王,负责保卫周王并纳贡。为约束各诸侯国,周朝建立了严格的礼制,如城市建筑就有严格的规定。《周礼·考工记》中的都城形制(见图1.1):"匠人营国,方九里,旁三门,国中九经九纬,经涂九轨。左祖右社,前朝后市,市朝一夫……"人的等级有诸侯、卿大夫、士、平民、奴隶。

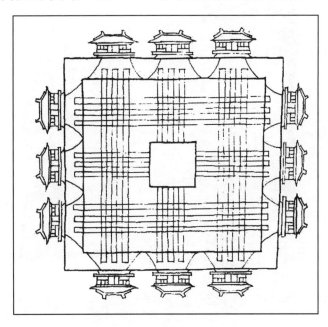

图1.1　宋　聂崇文绘　都城形制

因国内的变乱和戎族的侵扰,周平王被迫于前770年迁都洛邑(今洛阳),史称东周。东周分春秋和战国两个时期。诸侯列国各自营建自己的都城。著名的有齐国的临淄,燕国的下都,赵国的邯郸,吴都阖闾,楚国的郢都等,其中最大的诸侯国都要数齐都临淄(见图1.2)。该城建于前4世纪。齐国经济繁荣、文化发达,齐人讲排场、好装束。齐国的城墙既大又厚实,有大城和小城,大城南北约4.5公里(1公里=1千米),东西约4公里,小城嵌在大城的西北角,总面积15平方公里。周的宗法等级规定:诸侯的城不得大于王城的三分之一,但后来各诸侯国都不予遵守了。

《左传》与《仪礼》曾叙述周朝宫室的外部有防御与揭示政令的阙,其次有五门(皋门、库门、雉门、应门、路门)和处理政务的三朝(大朝、外朝、内朝)。其中,阙在汉唐间依然使用,后来逐步演变为明、清的午门。五门和三朝被后代附会、沿用,在很大程度上影响了隋朝以后历代宫室建筑的外朝布局,至于当时内廷宫室的布局,虽不明了,但是春秋时代的鲁国已有东西二宫。鲁国的宗庙将前堂称大庙,中央有重檐的大屋。从汉朝起,祭祀建筑如太庙、社稷、明堂、辟雍等也多附会周朝流传下来的文献和传统进行建造。

据《左传》所载,诸侯的都城是由司徒领导修建的。"使封人虑事,以授司徒。量功命日,分财用,平板干,称畚筑,程土物,议远迩,略基址,具糇粮,度有司……"又据《周礼·考工记》所载,墙高与基宽相等,顶宽为基宽的三分之二;门墙的尺度以"版"为基数等。《仪礼》所载礼节,研究春秋时代士大夫的住址,已大体判明住宅前部有门。门是面阔三间的建筑,中央明间为门,左右次间为塾。门内有院,再次为堂。堂是生活起居和接见宾客、举行各种典礼的地方。堂的左右有东西厢,堂后有寝卧的室,都包括于一座建筑内。堂与门的平面布置形式,一直延续到汉朝初期。

商朝末期,柱上已有栌斗,拱随后就出现了。西周人当时在室内仍跪坐席上,席下还垫有筵。西周已出现了板瓦、筒瓦、人字形断面的脊瓦和圆柱形瓦钉。瓦的使用是中国古代建筑的一个重要进步。不过瓦的使用到春秋时代才逐渐普遍,这一时期还出现了全瓦当、半瓦当(见图1.3)。瓦当表面有凸起的饕餮纹、涡纹、卷云纹、辅首纹等纹饰。屋顶坡度由草屋顶的1∶3降至瓦屋顶的1∶4。

建筑色彩方面也有严格的等级制度。有《论语》所载"山节藻棁"和《春秋谷梁传注疏》所载"礼楹,天子丹,

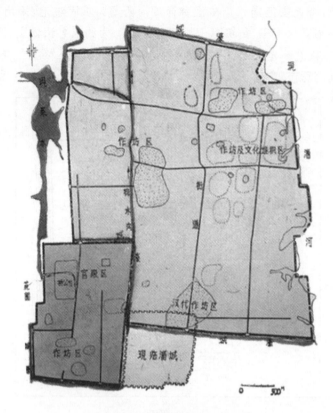

图 1.2 齐都临淄平面图

图 1.3 燕国半瓦当

诸侯黝垩,大夫苍,士黊"等记述。所谓楶即柱,节是坐斗,棁是瓜柱。

春秋时代出现了有名的建筑师鲁班,他被后代奉为建筑工匠的祖师。

春秋末期,140 余个诸侯国互相兼并,结果到战国时代只剩下秦、楚、齐、燕、韩、赵、魏七国。学术上的百家争鸣,引起了文化上的空前发展,也有大规模宫室和高台建筑的兴建,以及瓦的发展和砖的出现,装饰纹样也变得更加丰富多彩。铁工具——斧、锛、锥、凿等的应用,为制作复杂的榫卯和花纹雕刻提供了有利条件,从而提高了木构建筑的艺术性和加工质量,加快了施工的速度。七国之间因险为塞,竞筑长城。西门豹引漳水溉邺,秦郑国开渠 300 里(1 里 = 500 米),由此可见水利工程也很发达。

现发现的比较完整的大城市遗址有战国时代赵国的邯郸和燕国的下都等。

燕下都建于前 4 世纪,在今河北易县东南,位于中易水与北易水之间。城址以两个方形做不规则的结合,东西长约 8300 米,南北长约 4000 米。城墙用黄土版筑而成,残存遗址宽 7～10 米,城内分东、西两部分。东部主要是宫室、宫署和手工业作坊;西部陆续有扩建。宫室位于东部的北端中央,有高大的夯土台,长 130～140

米,高 7.6 米,呈阶梯状,附近还发现附属建筑的遗址。这组建筑之北,散布着若干夯土台,连同城内外其他大小台址共计 50 余处。

思考题

1. 我国最早的干栏式建筑遗迹是在哪儿发现的? 建筑上应用榫卯技术大约在什么时候?

2. 瓦与瓦当分别是在什么时候出现的?

第二章 秦、两汉的建筑

　　秦、汉时期的建筑结构主要有木结构、砖石结构、石结构。这一时期,几种主要的建筑类型都已出现。

　　建筑技术进一步发展。除了此前已充分掌握的土工技术外,木结构继续成熟,如榫卯结合已普遍采用,抬梁式结构继续发展。东汉流行与高台建筑有别的楼阁,是建筑技术趋向成熟的重要标志。高大的建筑已脱离依附于夯土高台的状态,完全依靠木结构自身的牢固结合而稳固地建造起来。国家的统一促进了中原文化与南方文化的交流,南方早已有的干栏式技术在中原的巨大建筑需求中获得了充分的发展机会,取得了质的飞跃。

第一节　城市与宫殿

一、秦都咸阳

　　秦咸阳遗址是中国战国后期秦国都城遗址,地处陕西省咸阳市以东约 15 公里处。1959 年,陕西省考古研究所和陕西省文物管理委员会联合对咸阳遗址进行了考古调查和发掘,1974—1975 年发现了咸阳宫遗址。

　　春秋时期,秦国的都城在关中平原西部的雍城(今陕西凤翔县南郊),不利于秦向东扩张,秦献公二年(前 383 年)迁都栎阳(今西安市阎良区)。秦孝公十二年(前 350 年)迁都咸阳。据考证,咸阳城在今渭水南岸,东西长 12 里(1 里＝500 米),南北长 15 里。都城的重心在北部的咸阳宫。秦始皇(嬴政)在统一中国的过程中,吸取各国不同的建筑风格和技术经验,于始皇二十七年(前 220 年)兴建新宫。首先在渭水南岸建起一座信宫,作为咸阳各宫的中心;然后由信宫开辟一条大道通骊山,建甘泉宫。之后,又在北陵高爽的地方修筑北宫。

　　在用途上,信宫是大朝,咸阳旧宫是正寝和后宫,其他宫室是嫔妃居住的离宫,而甘泉宫则是避暑处,为太后所居。始皇三十五年(前 212 年),秦始皇又开始兴建咸阳宫殿中最著名、最巍峨的阿房宫。从前 212 年开始,征调 70 万名民工,由蜀地运来木材,取北方的石料修建。《史记》所载:"先作前殿阿房,东西五百步,南北五十丈,上可以坐万人,下可以建五丈旗。周驰为阁道,自殿下直抵南山。表南山之巅以为阙,为复道,自阿房渡渭,属之咸阳。"有句民谣"阿房阿房亡始皇",阿房宫到秦始皇死时(前 210 年)还未完工。迁徙富豪 12 万户到咸阳城,可见当时咸阳城及其附近宫苑的规模是十分宏大的。

　　秦咸阳城是战国时期秦国的都城,也是秦统一六国、建立秦王朝后的都城。前 350 年,秦孝公迁都咸阳,商鞅首先在城内营筑冀阙,以后历代秦王又增建了许多宫殿。秦始皇扩建了皇宫。滔滔的渭水穿流于宫殿群之间,就像银河绵亘于空,十分壮观。整个咸阳城"离宫别馆,亭台楼阁,连绵复压三百余里,隔离天日",各宫之间又以复道、甬道相连接,形成当时最繁华的大都市。在咸阳城遗址北部的阶地上,约相当于城中轴线附近的地方,有一组高台宫殿建筑遗址,它坐落在秦时的上原谷道的东西两侧,分为跨沟对峙的两部分,西侧为 1 号遗址,东侧为 2 号遗址。1 号遗址保存较为完好,经过遗址复原后可知,这是一组东西对称的高台宫殿,由跨越谷道的飞阁把二者连成一体,是极富艺术魅力的台榭复合体。1 号遗址东西长 60 米,南北长 45 米,一层台高 6 米,平面呈 L 形,可分为若干个小室。南部西段的五室排成一列,西边的四室是宫妃居住的卧室,出土有内容丰富的壁画和一些陶纺轮。最东一室内有取暖的壁炉及大型的陶质排水管道,推测可能是浴室。浴室的一角是储存食物的窖穴。主体宫室建在高台之上,东西长 13.4 米,南北长 12 米,地表为红色,即所谓的"丹地",门道上有壁画痕迹,表明这是最高统治者的厅堂。在 1 号遗址的西南方,还有一处结构十分复杂的宫殿遗址。已发掘出的阁道长 32.4 米、宽 5 米,两侧满饰彩色的壁画,壁画内容是秦王浩浩荡荡的车马出行图,其中有车马、人物、花木、建筑等题材。因为古代的宫廷壁画大都毁坏不存,所以这些保存下来的秦代的宫廷壁画,具有很高的价值,在中国建筑史和美术史上占有重要的地位。咸阳城的考古发掘工作从 20 世纪 50 年代一直进行至今,随着工作的深入,将会有更多、更丰富的文物考古新发现展现在人们面前。

二、西汉长安城

长安位于今陕西西安市渭水南岸的台地上,地势南高北低。城周约 22.5 公里。城墙用黄土筑成,最厚处约 16 米。取"长治久安"之意,故名"长安"。长安城是不规则的方形,城南为"南斗"形,城北为"北斗"形。城墙每边有三座城门,城门上建有重楼,每座城门辟有三个门洞,门洞前有跨越护城河的石桥和对应的马路。中间为御道(驰道),供皇帝行走,官吏和百姓走边道。城内南北向的街道八条,称为"八街";东西向的街道九条,称"九陌"。城内有"九府",居民住宅采用里坊制,共设 160 个闾里,闾里周围建有高墙,四面开门,门正对闾里内的十字街,普通百姓不能向大街开门,只有少数官宦、富豪才可向大街开门。长安有九市(肆),设有围墙和市门,定时开启,集中管制。古人最先在水井边交换货物,到后来建立起城市后,专门在叫"市"的地方交易,因而称市井。秦汉时,市井是封闭式的。市楼位于市内十字街的中心处。据《三辅黄图》记载,高祖七年,方修长安宫城,城内有两座宫殿,即秦朝的离宫兴乐宫改建的长乐宫和未央宫。由于先建宫殿后建城墙,以及地形的关系,城的平面呈不规则形状。长乐宫位于东南角上,萧何主持修建的未央宫位于城的西南角上。未央宫以前殿为主要建筑,殿的平面宽大而进深浅,呈狭长形,殿内两侧有处理政务的东西厢,这是当时宫室建筑的一个特点。未央宫是大朝所在地,利用龙首山岗地为宫殿的台基,可见高台建筑在西汉时期依然盛行,东汉起才逐渐减少。汉武帝时,还兴建了城内的桂宫、明光宫和城外西南郊的建章宫、上林苑。

从长乐宫、未央宫和建章宫等的文献记载和遗迹来看,可知汉代"宫"的概念是大宫中套有若干小宫,小宫在大宫(宫城)之中各成一区,并充分结合自然环境。

长安城的南郊还有十几个规模巨大的礼制建筑遗址。各遗址的平面沿着纵、横两条轴线采用完全对称的布局方式,外面为方形城墙,每面辟门,在四角配以曲尺形房屋。这些建筑的布局是在沿着纵、横线组织纵深的建筑群以外,自成一种体系,不但见于当时的陵墓,而且影响唐宋陵墓、北魏某些佛寺与后来各代坛庙建筑的平面布局。

三、东汉洛阳城

东汉光武帝刘秀统一天下后,因为长安残破,所以建都于洛阳。东汉的洛阳城在原先东周的"成周城"基础上建造而成,北靠邙山,南临洛水,南北长 9 里,东西宽 6 里,呈矩形,有"九六城"之称。城内有南、北两宫,以三条复道联系这两部分,有三大商业区,金市在城西,羊市在南郊,马市在东郊。东汉中叶以后又在北宫以北陆续建园圃,直抵城的北垣,故北宫的规模比南宫的大。这样的布局发展了以宫城为主体的规划思想,但是宫城把全城一分为二,东西交通很不方便。洛阳除宫苑、官署外,有闾里及二十四街。190 年,洛阳城被董卓焚毁。

四、邺城

东汉末年,曹操在今河南安阳东北建邺城。它北临漳水,城平面呈长方形,东西约 6 里,南北 4 里多。南面开三门,北面开两门,东西各开一门。邺城采取新的布局方法,以一条横贯东西的大道,把城分为南、北两部分。北部中央在南北轴线上建宫城。大朝所在的主要宫殿位于宫城的中央。大朝的东侧为处理日常政务的常朝。大朝的西侧为禁苑——铜雀园。禁苑西面沿城墙一带是储存粮食和物资的仓库区、武器库和宫廷专用的马厩。西侧稍北处,凭借城墙,建铜雀、冰井、金虎三台。宫城以东是贵族居住的坊里,而其南部为行政官署区。南部亦建若干官署,其余则为居民的住宅区。

第二节 陵墓

一、秦始皇陵

　　秦始皇嬴政于前 246 年即位后,开始在骊山修建秦始皇陵。秦始皇陵建于前 246 年至前 208 年,历时 39 年,是中国历史上第一个规模庞大、设计完善的帝王陵寝。秦始皇陵以地下宫殿为核心,离地面 40 多米。将日月星辰、宇宙苍穹等都反映在地下宫殿中,灌注水银以象征江河。封冢似山,围墙如城,制陶人、陶车、陶马(兵马俑),列军阵守护。秦始皇陵筑有内外两重夯土城垣,象征着都城的皇城和宫城。陵冢位于内城南部,呈覆斗形,底边周长 1700 余米。秦陵四周分布着大量形制不同、内涵各异的陪葬坑和墓葬,现已探明的有 400 多个。其中兵马俑坑是秦始皇陵的陪葬坑之一,它位于秦始皇陵陵园东侧 1500 米处。目前已发现三座,坐西向东呈品字形排列。其中共出土了约 7000 个秦代陶俑及大量的战马、战车和武器,代表了秦代雕塑艺术的最高成就。兵马俑陪葬坑均为土木混合结构的地穴式坑道建筑,像是守卫地下皇城的"御林军"。从各坑的形制及兵马俑装备情况判断,一号坑象征由步兵和战车组成的主体部队,二号坑为步兵、骑兵和车兵穿插组成的混合部队,三号坑则是军事指挥所。地面上仿皇宫样式建造的寝殿,为秦始皇的"灵魂"所在,也是他治理朝政和饮食起居的场所。室内供奉衣物、家具等日用品。寝殿内还专设有宗庙,供奉秦国的列祖列宗,按时祭祀。秦始皇开创的帝王陵寝制度,成为后世帝王效仿的标准。

二、茂陵

　　茂陵是西汉武帝刘彻的陵墓,位于今西安市西北 40 公里的兴平市茂陵村。西汉时,茂陵地属槐里县茂乡,武帝在此建陵,故称茂陵。武帝即位后的第二年(前 139 年),开始修建茂陵园,前 87 年武帝死后葬于此。茂陵建筑宏伟,墓内殉葬品极为豪华丰厚。《汉书·贡禹传》载:"金钱财物,鸟兽鱼鳖、牛马虎豹生禽,凡百九十物,尽瘗藏之。"相传武帝身穿的金缕玉衣、玉箱、玉杖和武帝生前所读的杂经 30 余卷,盛于金箱殉葬。茂陵外部全用夯土筑成,形似覆斗,显得庄严稳重。现存残高 46.5 米,墓冢底部基边长 240 米,陵园呈方形,边长约 420 米。至今,东、西、北三面的土阙犹存,茂陵周围尚有李夫人、卫青、霍去病、霍光、金日磾等人的陪葬墓。当时在陵园内还建有祭祀的便殿、寝殿以及宫女、守陵人居住的房屋,设有 5000 人在此管理陵园。而且在茂陵东南营建了茂陵县城,许多文武大臣、名门豪富迁居于此,人口达 277 000 多人。

第三节 其他

一、秦长城

　　长城的建造源于战国时诸侯国间防御的需要。当时各诸侯国战争频繁,秦、赵、魏、齐、燕、楚等国各筑长城以自卫,地处北方的秦、赵、燕三国为抵御匈奴的侵犯,在北面都修有长城。秦统一各国后,将各国的长城连成一片,并扩展到西起临洮,东到辽宁遂城,长达 3000 公里的防御线。当时多用版筑土墙。

二、都江堰

　　都江堰是秦昭公(前 306—前 251)时,由蜀郡太守李冰父子率民众修建的水利工程。其主体工程由分水鱼嘴堤、飞沙堰、宝瓶口三部分组成,采用分流导江、筑堰引水的方法,将三者有机结合。鱼嘴堤在岷江中心,将江水分成内江、外江两部分:外江引洪排沙,内江灌溉。飞沙堰位于鱼嘴堤和宝瓶口的中间,是一条宽 200 多米的泄洪道,洪水季节,可以排洪,且将大量的泥沙、卵石排入外江。宝瓶口处在岷江的东岸,是人工开凿玉垒山而成的内江进水口,长 80 米,宽 43 米,高 13 米,状似瓶颈,故称宝瓶口。玉垒山上建有纪念李冰父子的二王庙,近年还发现了作为"水则(测量水位)"的李冰石像。

三、汉长城

西汉武帝时,为了保护通往西域的河西走廊,除修葺秦长城外,又增修了东、西两段长城,加筑了各种设施。西段长城及亭障,经过甘肃敦煌一直建到新疆;东段长城则经内蒙古的狼山、阴山、赤峰东达吉林。秦长城和汉长城都采用了因地制宜、就材筑造的方法,一般用版筑土墙,无土处垒石为墙,山岩溪谷处又杂用木石建造,确实起了防御的作用。

第四节　秦、两汉时期的建筑特点

一、都城规划

秦统一六国后,以咸阳为首都,在洛邑建宫殿,控制关东地区。西汉因秦旧规,以长安为首都,于洛阳建宫殿与武库。秦与西汉统治者都以关中为根据地,以洛阳为前哨据点。

以宫室为中心的南北轴线布局。战国时代邯郸的赵王城和燕下都已经有了在轴线上以宫室为主体的布局方式,与《周礼·考工记》所载大体符合。后来,西汉的长安在秦旧离宫上建设,因而形成不规则的平面。东汉洛阳和曹魏的邺城都继承了战国的传统。但邺城将宫室、苑囿、官署置于城的北部,住宅位于城的南部,分区明确,交通方便,克服了东汉洛阳规划的重大缺点,后来南北朝和隋唐的都城规划都是在这基础上发展起来的。

集中的市场。按《周礼·考工记》"面朝后市"的布局,西汉长安就有九个市场分布城内,市场多建有重楼,有的列楼为道。随着商品种类的增加形成各行聚集的街道,并置官吏管理。东汉的洛阳城则分三大商业区。

以闾里为单位的居住方式。根据《管子》和《墨子》所载,春秋至战国间,各国都城已有以闾里为单位的居住方式,每一闾里设"弹室",控制居民。在都城布局方面西汉长安由于先营建宫室及迁就地形,所以闾里杂处宫阙和官署之间,到曹魏邺城才分区明确。

汉朝都城的规模更加宏阔,宫殿苑囿更加巨大和华美,未央、长乐两宫都是周围长约10公里的大建筑组群。礼制思想也深刻地影响着都城、宫殿和祭祀建筑的布局以及住宅的等级制度。儒家"慎终追远"的思想加强了商朝以来传统的厚葬制度,从而陵墓的规模更加宏大。儒家与阴阳五行等相结合的谶纬之学也在西汉末年流行起来,对人们的生活和建筑都产生了影响。在工程技术方面,东汉建筑的平面和外观日趋复杂,高台建筑日益减少,楼阁建筑逐步增加,并且大量使用了成组的斗拱。木建筑的结构方式有抬梁式、穿斗式和井干式三种,木椁墓已逐渐减少,而空心砖墓、砖券拱墓、石板墓和崖墓等不断增加。

二、住宅

汉朝的住宅建筑,根据墓葬出土的画像石、画像砖、明器和各种文献记载,有下列几种形式。

规模较小的住宅,平面为正方形或长方形。屋门开在房屋一面的当中,或偏在一旁。房屋的构造除少数用承重墙结构外,墙壁多用夯土筑造。窗的形式有正方形、横长方形、圆形多种。屋顶多采用悬山式顶和囤顶。有的住宅规模稍大,无论平面是一字形或曲尺形,平房或楼房,都以墙垣构成一个院落。也有三合式与"日"字形平面的住宅。后者有前后两个院落,中央一排房屋较高大,其余次要房屋都较低矮,构成主次分明的外观。此外,明器中还有坞堡、陶楼(见图 2.1),是东汉地方豪强割据的情况在建筑上的反映。

规模更大的住宅见于四川出土的画像砖中,其布局分为左、右两部分:右侧有门、堂,是住宅的主要部分;左侧则是附属建筑。右侧外部有装置栅栏的大门,门内又分为前、后两个庭院,绕以木构的回廊,后院有面阔三间的单檐悬山式房屋,用插在柱内的斗拱承托前檐,而梁架是抬梁式结构,堂屋内有两人席地对坐。左侧部分也分前、后两院,各有回廊环绕。前院进深稍浅,院内有厨房、水井、晒衣的木架等。后院中有方形高楼一座,屋顶下饰以斗拱,可能是瞭望或储藏贵重物品的地方。

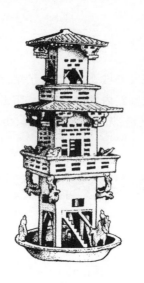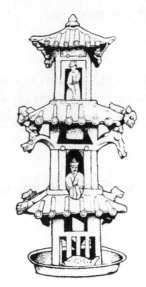

图 2.1　明器中的陶楼

　　从战国到三国,由于席地而坐,几、案、衣架和睡的床都很矮,而战国时代的大床,周围绕以栏杆,最为特殊。几的形状不止一种,有的几和案都涂红漆和黑漆,其上描绘各种花纹,也偶有在木面上施浮雕的。汉朝的案已逐步加宽加长,或重叠一、二层案,陈放器物。食案有方有圆,还有柜和箱。床的用途到汉代扩大到日常起居与接见宾客。不过这种床较小,又称"榻",通常只坐一人,但也有布满室内的大床,床上置几。床的后面和侧面立有屏风,还有在屏风上装架子挂器物的。长者尊者则在"榻"上施帐。东汉灵帝(168—189)时,可折叠的胡床虽传入中国,流行于宫廷与贵族间,但仅用于战争和行猎,还未普遍使用。

三、陵寝

　　商和西周的墓葬是否垒土为坟,已不可考,春秋战国间的墓,则不仅用土垒坟,而且还植树。

　　秦始皇陵是中国历史上体形最大的陵墓。垒土为坟,植草树以像山,并建寝殿,供祭祀,因而有"陵寝"之称。

　　西汉继承秦朝制度,建筑大规模的陵墓,这些陵墓大部分位于长安西北咸阳至兴平一带。坟的形状承袭秦制,垒土为方锥形而截去其上部,称为"方上"。陵内置寝殿与苑囿。周围建有城垣,设官署和守卫的兵营。陵旁往往有贵族陪葬的墓,并迁移各处的富豪居于附近,号称"陵邑"。后来东汉帝后多葬于洛阳邙山上,废止陵邑,"方上"的体量也远不及西汉诸陵。汉朝贵族官僚们的坟墓也多采用方锥平顶的形式。坟前置享堂;其前立碑;再前,于神道两侧,排列石羊、石虎和附翼的石狮;最外,模仿木建筑形式,建石阙两座,如四川雅安高颐阙(见图2.2)。此外,东汉墓前还有建石制墓表的。下部的石基上刻浮雕两虎,其上立柱。柱的平面将正方形的四角雕成弧形,柱身上刻凹槽纹。上端以两虎承托矩形平板,刻死者的官职和姓氏于其上。

　　在结构上,战国和秦朝的墓,仍继承商、周以来的木椁墓和深葬制度。为了防盗和防水,在椁的周围与上部填上厚厚的沙层与木炭,其上再用夯土筑实。

　　西汉初期仍广泛使用木椁墓,战国末年出现的空心砖逐步应用于墓葬方面。砖的表面压印各种花纹,而砖的形式仅数种,每一墓室只用30块左右的空心砖,不但施工迅速,而且比木椁墓更能抗湿防腐。砖墓内发展为多边形砖拱,到西汉末年改进为半圆形筒拱结构的砖墓。至东汉,墓的布局为

图 2.2　东汉雅安高颐阙

几室相连,面积扩大,墓内还绘制了壁画,或用各种花纹的贴面砖装饰,如东汉的山东沂南画像石墓,除前室、中室和后室外,左右又各有侧室两三间,显然受住宅建筑的影响。此墓前室和中室的中央各建八角柱,上置斗拱,壁面与藻井饰以精美雕刻。由于砖墓、崖墓和石墓的发展,商、周以来长期使用的木椁墓,到汉末三国间几乎绝迹。

四、装饰

两汉的木构屋顶已经形成了五种样式——庑殿、悬山、歇山、囤顶、攒尖(见图 2.3)。也有了由庑殿顶和庇檐组合发展而成的重檐屋顶。

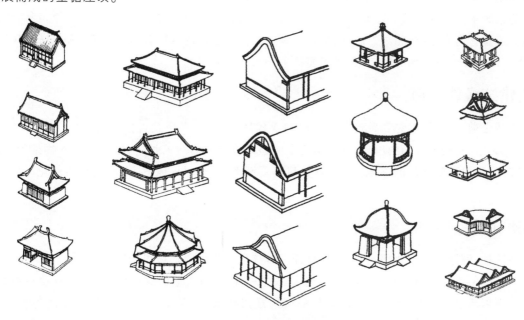

图 2.3　各种样式的屋顶

门窗都有了装饰方面的处理。门的上槛上有门簪;门扇上有兽首衔环,叫"铺首"。窗子通常为直棂,也有斜格,或在门窗内悬挂帷幕。

燕下都的瓦当有二十余种不同的花纹,其中有用文字做装饰图案的。汉朝建筑所用的花纹题材大量增加,大致可分为人物纹样、几何纹样、植物纹样、动物纹样和文字纹样五类。雕刻手法也很丰富,西汉霍去病墓的石马、石虎等是先雕出简单生动的圆雕轮廓,再以浅浮雕和线刻表示细节。色彩方面,继承春秋战国以来的传统并加以发展,如:宫殿的柱涂丹色;斗拱、梁架、天花施彩绘;墙壁界以青紫或绘有壁画;官署则用黄色;雕花的地砖和屋顶瓦件等也都因材施色。总之,汉朝建筑已经综合运用绘画、雕刻、文字等做各种构件的装饰,达到结构与装饰的有机组合,成为以后中国古代建筑的传统手法之一。

在两汉的画像石、画像砖、明器、阙、崖墓以及文献记载上,我们已看到了完整的斗拱,其实用功能和装饰作用都很明显。

战国时期的木椁就有很精巧的榫卯,榫卯在秦汉时得到快速的发展,尤其是大型宫殿和楼阁的修建,使这一特有的技术日趋完善。

● 思 考 题

1. 谈谈西汉长安城的规划。

2. 秦始皇陵有什么特点?其对后世帝王陵寝制度有怎样的影响?

3. 到两汉时期,我国已经形成了几种屋顶样式?

第三章　魏晋南北朝的建筑

魏晋南北朝时期(公元220—589年)是东南地区的开发时期。中国东南,春秋战国以前主要是古称"百越"的各越族部落聚居地。东南属天然富庶之地,直到三国之前,长期未得到充分开发,比起中原,经济和文化都处于落后状态。至魏晋南北朝时,北方先进文化南下,经过三国吴以后的六朝几百年经营,方得一展风姿,东南的建筑成就,主要体现在这一时期的城市、宫殿和园林中。

一、在建筑成就方面

魏晋南北朝之前,主要可以看到建筑古拙端严的汉代风格,建筑多用劲直方正的直线,构造上以土木混合结构为主;在此之后,是豪放壮丽的唐代风格,建筑多以道劲挺拔的曲线见长,构造上以全木构架为主。这一阶段就是汉风衰竭、唐风酝酿兴起的过程。新的建筑风格逐渐形成,有时代风气、审美趣味的变化,也有结构方法的改进。

二、在城市建设方面

曹魏邺城对称,宫殿集中于北部,与其他区分开。单体建筑中的原则被用于城市建设中。

曹魏和西晋建都洛阳,六朝皆定都建业,北魏复都洛阳,在不同时期的这些城市之间,有明显的继承关系,且代有发展。可以看出,它们都继承了东汉曹都邺城的规划观念,在实践中充实提高,为隋唐都城和宫殿的伟大建设成就,奠定了坚实的基础。

另外土木混合结构的衰落,木结构技术的发展及南北文化的交融也是这一时期的特点。

三、佛教建筑的发展

佛教自东汉通过西域传入中原,之后又传入江南,在此后的一千七八百年中寺庙建筑是仅次于宫殿的重要建筑内容。这一时期出现了寺庙佛塔和石窟等类型的建筑,呈现出中国传统建筑文化与异域建筑文化交融而后创新的生动过程。

四、陵墓的发展

陵墓与此前的秦汉和此后的隋唐相比,不发达,但南朝陵墓神道两旁的雕刻却颇有成就。

五、中国园林

中国园林从商周开始出现,已有悠久的发展历史。到魏晋南北朝时期,士人阶层兴起,玄学思想和山水文学为园林的发展注入新的契机。以私家园林为主转变为以士人园林为主,园林文化内涵更为丰富,营造观念也从大尺度地形似自然向小尺度地神似自然转变,为唐宋到明清园林主题的深化和构图提供了新的思路。

六、建筑装饰

建筑装饰继续沿着秦汉的路子发展,色彩以朱柱素壁为主,趋于定型,又出现建筑彩画,南朝时从西域传入凹凸画法,开以后晕染技法的先河。琉璃此时传入中国,用于建筑。

七、家具的发展

家具的重要发展是适应垂足而坐的高型家具开始丰富。胡坐逐渐取代了以前中原流行的席地而坐。

此时从佛教建筑及构图观念的兴起，以至建筑装饰如琉璃的使用，以及装饰题材、手法和纹样的变化及垂足而坐的形式等，都不难看到西域建筑文化对中国建筑的影响。

第一节　都城与宫殿

这时期的建筑，除宫殿、住宅、园林等继续发展以外，又出现了一些佛教和道教建筑。总之，魏晋南北朝时期的工匠在继承秦汉建筑成就的基础上，吸收了印度犍陀罗和西域的佛教艺术的若干因素，丰富了中国建筑，为后来隋唐建筑的发展奠定了基础。

西晋、十六国和北朝前后分别兴建了很多都城和宫殿。其中规模较大，使用时间较长的，是邺城和洛阳。东晋和南朝建都于建康。

一、邺城

十六国时期的后赵把邺城重新建造起来。城墙的外面用砖建造，城墙上每隔百步建一楼，城墙的转角处建有角楼。宫殿也是沿袭曹魏洛阳宫殿的布局，在大朝左右建处理日常政务的东西堂。

天平元年，东魏自洛阳迁都于邺，在旧城的南侧增建新城。

二、洛阳

三国时代曹魏的都城洛阳，依东汉旧规建南北两宫，并在城北部大建苑囿，西晋续有兴建。北魏孝文帝为便于统一中国，曾先派蒋少游调查汉魏洛阳宫殿基础，并赴建康了解南齐宫殿的情况，然后在西晋洛阳的故址上花一年半的时间重建洛阳。494 年北魏孝文帝由平城（大同）迁都洛阳，都城东西长 20 里，南北 15 里，有 220 个里坊。有外郭、京城、宫城三重。宫城位于京城之北，京城居于外郭的中轴线上。官署、太庙、社稷坛都在宫城前御道的两边。有名的永宁寺就在这条干道北端的西侧。城南设有灵台、明堂、太学。市场集中在城东的"小市"和城西的"大市"。外国人集中在南郭门外的四通市。靠近四通市是接待外国人的夷馆区，郭内还有一些专业性的马市、金市等。其余部分是居住的里坊，各坊之间有方格形的道路网。每里坊开四座门，每门有里正 2 人、吏 4 人、门士 8 人，他们负责管理里坊的住户。整座洛阳城有居民 109 000 多户，人口在 70 万人左右。

三、建康

建康位于长江下游的东南岸，北接玄武湖，东北依钟山，西侧是起伏的丘陵，东侧有湖泊和青溪萦回其间，而秦淮河环绕城外南、西两面。东晋的建康城是在吴建业的旧址上逐步发展起来的。建康城南北长，东西略狭，周围 20 里，南面设有三座城门。

两晋南北朝时期的城市，是继承东汉洛阳和汉末邺城的规划而发展起来的。宫室都建在都城中心偏北处，构成以宫为中心的南北轴线布局。宫殿的布局，把前殿的东西厢扩展为东西堂。到东魏，又附会"三朝"制的思想，在东西横列三殿以外，又有以正殿为主的纵列两组宫殿。这种纵列方式为后来隋、唐、宋、明、清等朝代所沿用，并发展为纵列的三朝制度。洛阳与邺城的居住区，沿袭汉长安的闾里制度，但市场移到都城外的南部及东西两侧，比汉长安的市场更为集中。

第二节　宗教建筑

魏晋南北朝时期的宗教建筑主要有精舍、寺、塔、石窟等。

一、精舍

精舍,在古汉语中原指书斋、学舍、私人讲学之所,后来把僧人、道人讲经说法处统称为精舍,并无任何特别的宗教意义。

二、寺

《汉书》注:"凡府庭所在皆谓之寺。"《左传·隐公七年》注疏:"自汉以来,三公所居谓之府,九卿所居谓之寺。"秦汉的九卿是指太常、光禄勋、卫尉、太仆、廷尉、大鸿胪、宗正、大司农、少府。九卿的官署称"寺",如太常寺、鸿胪寺等。可见,寺在汉代是指官署各部门所在的地方,与宗教毫无关系。北魏的杨炫之在《洛阳伽蓝记》卷四中写道:"白马寺,汉明帝所立也。佛入中国之始,寺在西阳门外三里御道南。帝梦金神,长丈六,项背日月光明。金神号曰佛。遣使向西域求之,乃得经像焉。时白马负经而来,因以为名。"历史上确有汉明帝派郎中令蔡愔和秦景到天竺求经,用白马驮回佛经 42 卷和释迦牟尼的画像,并请来僧人摩腾和法兰回洛阳,安置于鸿胪寺。后来汉明帝令在洛阳建白马寺。现公认中国的第一座佛教建筑为洛阳的白马寺。佛教至此传入中国,并且很快发展起来。

南北朝时的"舍宅为寺"和"赐寺为宅"只是使用对象不同。宅以居人,寺以住僧也。这是形成中国的宅与寺同质同构,具有互换性的原因。"舍宅为寺"这一历史运动,使中国的寺院建筑有着邸宅化、园林化的特点。

据《释门正统》载:"元和九年(814 年),百丈怀海禅师,始立天下丛林规式,谓之清规。"从怀海禅师制定的规制内容来看,还只有"范堂"和"法堂"。"范堂"又称禅堂,是僧众坐禅的地方。"法堂"是主持升座说法的殿堂。

从文献记载和考古发现来看,当时的佛寺,很多是贵族官僚捐献府第和住宅所改建,往往"以前厅为佛殿,后堂为讲室"。这些府第和住宅的建筑形式融合到佛寺建筑中,创造出中国佛教寺院规式,如图 3.1 所示。

```
                         钟楼
山门 ——→ 天王殿 ————|———→ 佛殿 ——→ 法堂 ——→ 方丈
                         鼓楼
```

图 3.1　中国佛教寺院规式

山门原为楼阁式建筑。如山西五台山南山寺山门,为两层重檐歇山顶楼阁,底层为台门式。天王殿雄伟,位置在山门与佛殿之间,殿内陈列佛教传说中的"四天王",即东方持国天王、南方增长天王、西方广目天王、北方多闻天王。早期的佛殿平面为正方形,位置在山门与大殿之间,是寺院中的主体建筑,也是等级最高、体量最大者,也称"主殿"。法堂为禅宗说法之堂,其他宗派寺院称"讲堂",讲堂一般是楼阁建筑,现多以阁下为讲堂,上层作藏经之用。方丈是指住持长老的居住地。方丈一名来源于边长一丈的方形之室。寺院用钟很早,初期钟楼的位置,在寺院法堂后的东北角,无鼓楼,现存苏州枫桥寒山寺一例。鼓楼出现以后,钟楼和鼓楼都采用对称的布置。钟楼在东,鼓楼在西,所谓"楼",实际上是两层的亭式建筑。

三、塔

在佛教传入以前,中国没有"塔"字,也没有塔的建筑。佛教初传入汉时,只吸取了印度的窣堵坡顶上"刹"的奇特形象,用于帝王的陵墓,作为一种纪念性的附属物。印度的窣堵坡,是为藏佛的舍利和遗物而建造的,由台座、覆钵、宝匣和相轮四部分所构成的实心建筑物。中国结合中国传统建筑,创造了中国楼阁式木塔。原来的窣堵坡缩小成刹,置于塔顶之上。南北朝时一度兴起的塔在殿前,以塔为中心布局的塔寺建筑,进山门就高塔屏蔽,不仅破坏了以殿堂为主体的传统庭院空间环境,也不合于中国人沿轴线贯通的方式,后来塔的位置移到了寺院后面。塔也成为寺院规式中的一员。

在魏晋南北朝时期,随着政府的提倡,兴建佛寺、佛塔和石窟逐渐成为当时社会的重要建筑活动之一。在技术方面,大量木塔的建造,显示了木结构技术所达到的水平。这时斗拱的结构性能得到进一步的发挥,已经能用两跳的华拱承托出檐。这一时期,较有代表性的佛寺和佛塔有洛阳永宁寺、永宁寺塔和嵩岳寺塔。

1. 洛阳永宁寺和永宁寺塔

洛阳永宁寺(以下简称永宁寺)建于北魏熙平元年(516年),是北魏洛阳城内规模最大的佛教寺院,遗址在今洛阳市东。永宁寺塔(现已不存)建在永宁寺中心,是典型的木构楼阁式塔。四周包围廊庑门殿,也是早期中心塔形佛寺的代表。后遭雷击而毁。据杨炫之《洛阳伽蓝记》追述,永宁寺塔为九层木结构,高100丈(1丈≈3.33米),100里外可见。永宁寺塔平面为正方形,每面各层都有三门六窗。塔刹上有相轮30重,周围垂金铃,再上为金宝瓶。金宝瓶下有铁索四道,引向塔之四角,索上也悬挂金铃。风吹铃动,十余里可闻其声。永宁寺塔的装饰也十分华丽。由于永宁寺塔体量巨大,为增强稳固性,木塔中心为土坯堆砌的实心体,基础由夯土筑成,上有包砌青石的台基,周边有石栏杆,四面中部各有一斜坡道。塔身四角加厚成墩,使塔显得十分稳定。

至于支提和大精舍两种形式的塔传入中国后,与中国建筑的传统手法相结合,创造了单层和密檐式两种形式的塔。

2. 嵩岳寺塔

建于北魏正光四年(523年)的河南登封市嵩岳寺塔(见图3.2),是中国现存年代最早的砖塔,也是唯一的十二边形塔,有十五层塔檐,属于密檐式塔。高约39.5米,底层直径约10.6米,塔内为直通顶部的空筒。在四个正面有贯通上下两段的券拱式的门,下段其余八面都是光素的砖面,上段八面各砌一个单层方塔形的壁龛,龛座上有狮子装饰。塔刹为石造,由下而上为覆莲、仰莲、相轮。

四、石窟

石窟是这一时期佛教建筑的一个重要类型。它是在山崖陡壁上开凿出来的洞窟形的佛寺建筑。

南北朝时期,凿崖造寺之风遍及全国,如云冈西部五大窟、龙门三窟,都是为北魏皇帝祈求功德而建的。响堂山石窟则是北齐高欢的灵庙。其他人也凿崖造寺。著名的有大同的云冈石窟、敦煌的莫高窟、天水的麦积山石窟、洛阳的龙门石窟、太原的天龙山石窟等。

图3.2 登封市嵩岳寺塔

石窟的布局与外观虽具有地区性,可是从发展的角度来看,大致可分为三种类型。

(1) 初期的石窟,云冈第16至20窟,都是开凿成椭圆形平面的大山洞,洞顶雕成穹隆形。前方有一门,门上凿窗,后壁中央雕刻一座巨大的佛像,其左右立有胁侍菩萨,左右壁又雕刻许多小佛像。这类石窟的主要特点是:窟内主像特大,洞顶及壁面没有建筑处理,前有木构的殿廊。

(2) 云冈第5至第8和莫高窟中的北魏各窟,多采用方形平面,或有前后两室,或在窟中央设巨大的中心柱,有的雕琢成塔的形式,窟顶则做成覆斗形、穹隆形或方形等。这类窟的壁面都满布精湛的雕像和壁画,除了佛像外,还有佛教故事及建筑、装饰花纹等。在布局上,由于窟内主像不是很大,与其他佛像相配合,宾主分明,因而内部空间显得广阔。窟的外部多雕有火焰形卷面装饰的门,门的上方也有一个方形小窗。这类石窟的内部已有建筑处理,雕像的分布也创造出新的方式,有些石窟外部也建有木构的殿廊。

(3) 6世纪前期开凿的麦积山石窟和略后的响堂山石窟与天龙山石窟等,这类石窟的主要特点是:在洞的前部开凿具有石柱的前廊,使整个石窟的外貌呈现着木构殿廊的特征;同时窟内使用覆斗形天花,壁面上的雕像不多,并且多数在像外加各种形式的龛。如天龙山16窟(见图3.3),完成于560年,是这个时期的后阶段作品。它的前廊面阔三间,八角形列柱立在雕刻有莲瓣的柱础上,柱子比例瘦长,且有显著的收分,柱上的栌斗,阑额和额上的斗拱的比例与卷杀都做得十分准确。廊的高度和宽度以及廊后面的窟门的比例,都恰到好处。此时,石窟这一外来宗教建筑形象的"民族化",已达到了相当完善的程度。

图 3.3　天龙山 16 窟

　　北朝石窟为后世留下了极其丰富的建筑装饰花纹。除秦汉以来传统的纹样外,随同佛教艺术而来的印度、波斯和希腊的火焰纹、莲花、卷草纹、璎珞、飞天、狮子、金翅鸟等,不仅用于建筑方面,后代还应用于工艺美术方面。现存北朝建筑和装饰的风格,最初是苗壮、粗犷、微带稚气,到北魏末年以后,呈现着雄浑中不失巧丽、刚劲中略带柔和的倾向。

第三节　陵墓

图 3.4　梁萧景墓表上部

　　南朝陵墓主要分布在江苏省南京市及周围各县,现存南朝陵墓大都无墓阙,只在神道两侧置有麒麟、辟邪等石兽。石兽之后,左右有墓表和碑。墓表直接继承汉晋以来的形制:下为柱础,在方座上置圆形鼓盘,刻成双螭的形状;中为方柱而四角微圆,柱身下段雕凹槽,上段刻束竹纹,这两者之间雕刻绳辫和龙,并从柱身一面雕出方板,上刻死者的职衔;最上为柱顶,在雕有覆莲的园盖上,置一小辟邪。如梁萧景墓表(见图 3.4)的形制简洁秀美,是汉以来墓表中最典型的代表。我们把刻在墓表上的铭文也称"颂文"。在河北省保定市定兴县的义慈惠石柱,建于北齐太宁二年(562 年)。在莲瓣柱础上建立八角形的柱子,柱身上段的前面做成长方形,其上刻铭文,柱顶置平板,板上置一座面阔三间的小石殿。

　　砖结构在汉朝多用于地下墓室,到北魏时期已大规模地运用到地面建筑。东晋的壁画和碑刻中出现了屋角起翘的新式样,并且有了举折,使体量巨大的屋顶显得轻盈活泼。可是根据文献,似乎北魏末期还只有宫殿和少数王族府邸才允许用反宇飞檐。一般屋脊用瓦叠砌。鸱吻的使用,使正脊的形象更加突出。5 世纪中叶,北魏平城宫殿虽开始用琉璃瓦,到 6 世纪中期,北齐宫殿仍只有少数黄、绿琉璃瓦,其正殿则在青瓦上涂核桃油,光彩夺目,瓦当纹样中莲瓣类最多。

思 考 题

1. 谈谈中国佛教寺院的规式。
2. 简述在魏晋南北朝时期,中国石窟样式发展变化的特点。

第四章　隋、唐、五代时期的建筑

　　唐朝国力强大、声威远及海外,在这样一种较为清新自由的空气中,唐朝人以充满自信心的精神力量,形成了一种高昂洒脱、豪健爽朗和健康奋进的文化格调,取得了远超秦汉的空前繁荣。尤其盛唐前后,无论诗歌、散文、传奇还是建筑等都出现了一派生机勃勃的气象。唐朝敢于、乐于吸取外来文化,在开放的心态下,为文化繁荣增加了一派奇丽的色彩。隋唐建筑就孕育在这样一种整体文化氛围之中,它正是时代精神的凝练。

　　首先,隋唐建筑作品大多富于独创精神,力求创造出富有本时代精神风貌的形象,从总体到细部,比前代都有明显提高,把中国建筑推向了完全成熟。这个时期没有出现后代往往会遇到的因循保守和程式模仿的作风。

　　其次,建筑艺术风貌大多具有朴质、真实、雄浑、豪健的气质,形式与内容统一,既非冷漠平庸,又非矫揉造作、轻浮俗艳,体现了一种宝贵的自信的本色之美。它的着眼点主要致力于创造建筑艺术这一空间艺术所特别强调的统一的情绪氛围,虽然它同时也在极认真地推敲每一个局部和细节,但艺术家们始终不放松整体。它的每一个单体和局部,都不过度喧哗,而是力求符合整体的氛围。单体和群体、局部和全局之间,具有紧密的有机联系。它也不属于追求过于烦琐纤柔的装饰和细碎艳丽的色彩,鄙弃珠翠满头的虚荣和矫揉造作的轻浮,它给人的印象是在形式的完美中蕴含着更为内在、更为动人的雄浑与阔大。

　　再次,重要建筑的规模大都十分恢宏、壮阔、雄视他朝。规模是属于量的范畴,也是建筑艺术与其他艺术相比更为重要的品质和独具的手段,是形成建筑感染力的重要因素之一。巨大的量可以体现为压抑,但唐代却着重于开阔与辉煌。巨大的量也体现出一种组织的复杂性,人们通过对这种复杂性的领悟过程本身,就可以获得某种组织较为简单的艺术品所不能达到的效果。清代著名学者顾炎武说:"余见天下州之为唐旧治者,其城郭必皆宽广,街道必皆正直;廨舍之为唐旧创者,其基址必皆宏敞。宋以下所置,时弥近者制弥陋。"这是基本符合事实的,隋唐长安城就比明清包括外城在内的整个北京城还大出三分之一,长安太极宫宫城面积相当于明清北京宫城紫禁城的六倍,更不提长安还有一座略小于这座宫城的大明宫了。单座建筑的规模由于木材的限制,当然不可能太大,大明宫含元殿与清太和殿一样,都为 2000 平方米。

　　最后,唐代建筑的其他附属艺术如壁画、雕塑也达到了空前的水平,它们与建筑之间有很好的默契。

　　不同的时代赋予建筑艺术的使命不同,各时代的建筑都拥有自身的发展契机。同时,建筑艺术的经验积累,也会给以后各代以推动。所以中国建筑从五代两宋逐渐程式化到明清,每代仍各有成就,某些方面甚至还有突出的贡献。但从总的方面观察,唐以后的建筑艺术逐渐保守。建筑艺术与其他文化一样,与社会政治经济状态有密切关系。这不但是因为优秀的建筑艺术作品的出现必须以大量的物资消耗为前提,只有在国家统一、社会安定、政治清明、经济繁荣和文化得以交流的社会环境中才能够实现,而且还由它天生的特性所使,当社会动乱民不聊生之际,或个人遭逢不幸之时无法产生好的建筑。与文学不一样,它不是具象地再现生活,也不是主要表现创作者的个性,而是宏观地把握时代,从正面抽象而鲜明地表现一种更具整体性的时代精神。建筑艺术这一正面的表现特征使它与整体文化有更多的同构对应关系,它对一定文化环境的群体心态的映射和它对个人的超脱,必将赋予它更多的整体性、必然性和永恒性的品质。所以,人们才认为只有建筑才有资格充当一种文明的象征。

　　隋唐的重要城市是两都长安和洛阳,它们直接继承了北魏洛阳,上承曹魏西周,创作上采用了空前水平的规整式规划形制。

第一节　都城与宫殿

一、隋唐长安城

隋唐长安城(见图 4.1)是隋唐两代的都城,始建于隋初(582 年),隋文帝因汉长安城规模狭小,水质咸卤,且宫殿、官署和闾里相混杂,分区也不整齐,命宇文恺在汉长安城的东南建新都城,名大兴城。唐亦定都此处,改大兴城为长安城,历史上称为隋唐长安城,是当时世界上最大的城市之一,与希腊的雅典、意大利的罗马、土耳其的伊斯坦布尔合称为世界四大古都。

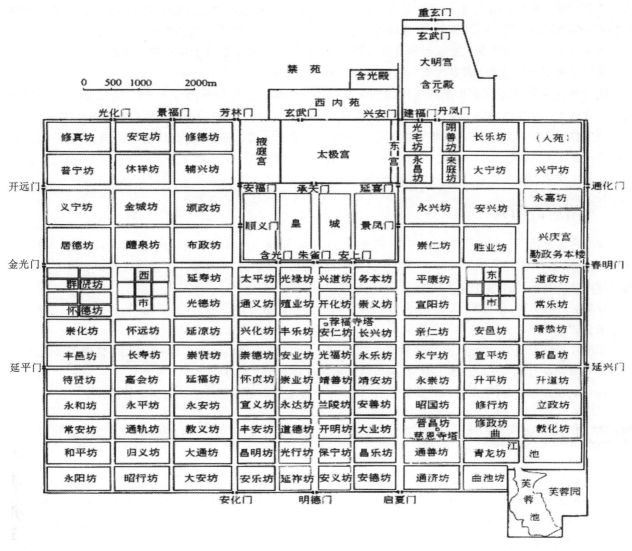

图 4.1　隋唐长安城

长安城规模宏大、街市井然、布局严整,其规划总结了汉末邺城、北魏洛阳城和东魏邺城的经验,在方正对称的原则下沿南北轴线,将皇城和宫城置于都城的主要位置。长安城有三重城墙。最外为外廓城,平面呈长方形,东西长 9721 米(包括墙厚),南北长 8651 米,总面积约 84 平方公里。内有东、西两市与 108 坊。皇城位于城内中轴线上偏北,宫城位于皇城之北,北接北廓。经唐末战乱,长安城内建筑大部分被焚毁,天祐元年(904年)由匡国节度使韩建去外廓城,重修子城。其所修子城即原隋唐皇城。这一城池经五代宋元沿用,直至明初洪武三年(1370 年),由耿炳文与濮英等重新规划,将子城向东向北扩大。至明隆庆二年(1568 年),陕西巡抚张祉又将土城墙用砖包砌。清代对西安城墙曾有 12 次修补。形成今日所见规模。

皇城南北各三门,东西各一门。城里的主要建筑包括太庙、太社和六省、九寺、一台、四监、十八卫等官署。它的前面隔一条宽 220 米的大街与宫城相接。北出玄武门就是禁苑。宫城的中心是太极宫,西部是掖庭宫,东部是太子居住的东宫。

位于全城中轴线北端的太极宫,是皇帝听政和居住的宫室,其布局依据轴线与左右对称的规划原则,并附会了《周礼》的三朝制度,沿着轴线建门殿十数座,而以宫城正门承天门为大朝,太极、两仪二殿为日朝和常朝,两侧又以大吉、百福等若干殿和门组成左右对称的布局。

634 年开始建造的大明宫位于长安城外东北的龙首原上。建筑成南北向在轴线上纵列,大朝在含元殿、日朝在宣政殿、常朝在紫宸殿。其左右两侧建对称的若干座殿阁楼台。后部诸殿是皇帝后妃居住和游宴的内廷。宫的北部就低洼地形开凿太液池,池中建蓬莱山,池周布置回廊和楼阁亭台,成为大明宫内的园林区。大明宫内的另一组华丽的宫殿——麟德殿,是唐朝皇帝饮宴群臣、观看杂技舞乐和做佛事的地点。

大明宫内附有若干官署。如含元殿与宣政殿之间,左右置中书;麟德殿西南有翰林院等。

长安城有南北并列的十四条大街和东西平行的十一条大街。

隋唐的统治者,承袭汉朝以来的闾里建制并施行夜禁制度。里坊的平面近于方形,面积都超过汉魏的里坊。里坊的周围用高大的夯土墙包围。大坊四面开门,中辟十字街。小坊只有东西两门和一条横街。

长安城将手工业、商业店肆等集中在固定市场内。长安城内建造东西两市,用墙垣围绕,四面开门。市的中央是市署和平准局。西市内有井字形干道和窄狭的小巷。据记载,西市有不少外国商店,是当时国外贸易聚集的地点。东市内也有一百二十行的各种商店。

二、隋唐洛阳城

隋唐两朝继承汉以来东西两京的制度,以洛阳为东都。隋唐洛阳城营建于隋大业元年(605 年),南望龙门,北依邙山,西至涧河,洛水横贯其间。其规模仅次于都城长安城,唐代略有增建。隋唐洛阳城包括宫城、皇城、圆璧城、曜仪城、东城、含嘉仓城和外郭城。

外郭城略近方形,南宽北窄。城墙全部用夯土筑成。外郭城有八个城门,西墙无门。城内街道横竖相交,形成棋盘式的布局。据《唐六典》及《旧唐书》等文献记载,有 109 坊 3 市。

宫城位于外郭城的西北部,平面略呈长方形,中为土夯筑,用砖包砌。在宫城中轴线上,营建了大量宫殿。

皇城围绕在宫城的东、南、西三面,其东西两侧与宫城之间形成夹城。

曜仪城在宫城之北,曜仪城以北是圆璧城,诸小城中最重要的是东城北面的含嘉仓城。

第二节　民宅

隋、唐、五代的住宅,只能从敦煌壁画和其他绘画中得到一些旁证。贵族宅第的大门有些采用乌头门形式。宅内在两座主要房屋之间用具有直棂窗的回廊连接为四合院,乡村住宅见于展子虔《游春图》中,不用回廊而以房屋围绕,构成平面狭长的四合院,图画所描绘的住宅多数具有明显的中轴线和左右对称的平面布局。

这时期的贵族官僚,不仅继承南北朝传统,在住宅后部或宅旁掘池造山,建造园林,还在风景优美的郊外营建别墅。官僚兼诗人的白居易,暮年以洛阳杨氏旧宅为基础营建宅园,面积 17 亩(1 亩 = 666.7 平方米),房屋约占三分之一,水占五分之一,竹占九分之一,而园中以岛、树、桥、道相间;池中有三岛,中岛建亭,以桥相通,环池开路,置西溪、小滩、石泉及东楼、池西楼、书楼、台、琴亭、涧亭等,并引水至小院卧室阶下,于西墙上构小楼,楼外接渠内叠石植荷,整个园的布局以水竹为主,并使用划分景区和借景的方法。至于上层阶级欣赏奇石的风气,从南北朝到唐朝,逐渐普遍起来,尤以出产太湖石的苏州为甚,园林中往往用怪石夹廊或叠石为山,形成咫尺山岩的意境。五代卫贤所绘《高士图》中的山间住宅,在一定程度上反映了当时房屋、山石、花木相结合的情况。

在家具方面,从隋、唐到五代,席地而坐与使用床(榻)的习惯依然存在。床(榻)下部,有些还用壶门作装饰,有的有简单的托脚。各种装饰工艺已进一步运用到家具上。但另一方面,垂足而坐的习惯,在隋、唐时期从上层阶级起逐步普及全国。

第三节　陵墓

唐朝帝王陵墓区,分布于关中盆地北部,陕西渭水北岸的乾县、礼泉、泾阳、三原、富平、蒲城一带山地,东西绵延三百余里。唐陵的特点是"依山为陵",不像秦汉陵墓那样采取人工夯筑的封土高坟,而开"山陵"之先河。18座唐陵中,仅献陵、庄陵、端陵位于平原,余均利用天然山丘,建筑在山岭顶峰之下,居高临下,形成"南面为立,北面为朝"的形势。

一、昭陵

昭陵为唐朝第二代皇帝李世民的陵墓,是陕西关中唐十八陵中规模最大的一座,位于礼泉县城东北20公里处。它首开中国封建帝王"依山为陵"的先河,被誉为"天下名陵"。地上地下遗存了大量的文物。

昭陵保存了大量的唐代书法、雕刻、绘画作品,为研究中国传统的书法、绘画艺术提供了珍贵的资料。昭陵墓志碑文,堪称初唐书法艺术的典范。多出自书法名家之手。如欧阳询、褚遂良、李治等,都以其独特的风格,创作出了中国书法艺苑中的奇葩。"昭陵六骏"浮雕,构图新颖,手法简洁,雕工精巧,是驰名中外的石雕艺术珍品。墓室壁画也具有浪漫主义风格。

二、乾陵

在陕西省乾县城北5公里的梁山上,是唐高宗李治和皇后(大周大圣皇帝武则天)的合葬墓。乾陵因位于长安西北方,依八卦的乾位而得名。乾陵(见图4.2)如昭陵一样,以山为陵,即以梁山北峰为封土,四周建以方城,正中留门,门外设阙,南门内建有献殿。梁山南峰低矮,形同双乳,分别东西,仿如天然门阙。乾陵的石像之多,神道之长,陵丘宝顶之大,用地面积之广,都是前朝帝陵所不及的。众多的石像和梁山北峰的高大形体,共同构成了乾陵雄伟壮观的气势。

图4.2　乾陵

从乾陵头道门踏上石阶路之后,便是宽敞的"司马道",直到合葬墓。路两旁现有华表1对,翼马、鸵鸟各1对,石马5对,翁仲10对,石碑2个。东为"无字碑",西为"述圣记碑",还有"唐高宗陵墓"墓碑等。

据证实,乾陵是迄今为止唯一未被盗掘的唐代帝王陵墓。乾陵陵园内现存精美绝伦的大型石刻124件。在陵园的永泰公主、章怀太子、懿德太子三座陪葬墓内发现有精美的唐代壁画。

第四节　宗教建筑

佛教建筑是隋、唐、五代主要建筑中的一个重要组成部分,国家和民间百姓都投入了大量的人力、物力、财力营造寺、塔、窟,使得佛教建筑数量大、分布广、艺术水准高,与之配套的附属艺术也得以繁荣和提高。

一、隋代佛塔

1. 神通寺四门塔

神通寺四门塔在济南市历城区,是一个全部用青石块砌成的单层塔,建于隋大业七年(611年)。塔平面呈正方形,每面宽7.38米,中央各开一圆拱门。塔室中央有石块砌成的方形塔心柱,柱四面皆有一个圆雕的佛像。塔檐挑出叠涩五层,然后向上收成四角攒尖顶,顶部有方形须弥座,四角置山花蕉叶,中央安置一座雕刻精巧的塔刹,全高约13米,整体风格朴素简洁,全塔除塔刹略带装饰性外,都由朴素的石块所构成。

2. 大雁塔

大雁塔坐落于西安市南部的大慈恩寺内。大慈恩寺是唐贞观二十二年(648年)太子李治为纪念亡母文德皇后而修建的,故名"大慈恩寺"。当时,共有十三处院落,并请高僧玄奘主持寺务,著名的画家阎立本、吴道子都在此绘制过壁画。唐永徽三年(652年),玄奘在寺内西院建塔,名慈恩寺塔,用以存放从印度带回来的经书。据《大慈恩寺三藏法师传》记载:摩揭陀国有一僧寺,一日有一只大雁离群落羽,摔死在地上,僧众认为这只大雁是菩萨的化身,决定为大雁建造一座塔,因而又名雁塔,也称大雁塔。

大雁塔初建时为砖包土心五层方塔,后改造为七层方形楼阁式,唐大历年间再改为十层,到明代,又以砖面加砌唐塔之外。现大雁塔塔身通高64米,每层为仿木结构,底层门楣有精美的线刻佛像。塔底层南门内的砖龛里,嵌有两通石碑,刻有《大唐三藏圣教序》和《大唐三藏圣教序记》,均为唐代大书法家褚遂良书。

3. 小雁塔

小雁塔坐落在陕西省西安市南约1公里的荐福寺内。小雁塔与大雁塔东西相向,是唐代古都长安保留至今的两处重要的标志,因为规模小于大雁塔,并且修建时间稍晚一些,故而称为小雁塔。荐福寺原来建于唐长安城开化坊内,是唐太宗之女襄城公主的旧宅,中宗嗣圣元年(684年)皇室族戚为高宗荐福而建造寺院,初名献福寺,天授元年(690年)改名为荐福寺,是唐长安城中著名的寺院。唐代名僧义净于高宗咸亨二年(671年)由洛阳出发,经广州取海道到达印度,经历三十余个国家,历时25年回国,带回梵文经书400多部。神龙二年(706年)义净在荐福寺翻译佛经56部,撰著《大唐西域求法高僧传》一书,对后人研究中印文化交流史有很高的价值。现在荐福寺内仅存有建于唐景龙元年(707年)的小雁塔。小雁塔是密檐式方形砖构建筑,初建时为15层,高约46米,塔基边长11米,塔身每层叠涩出檐,南北面各辟一门;塔身从下往上逐层内收,形成秀丽舒畅的外轮廓线;塔的门框用青石砌成,门楣上用线刻法雕刻出供养天人图和蔓草花纹的图案,雕刻极其精美,反映了初唐时期的艺术风格。塔的内部为空筒式结构,设有木构式的楼层,有木梯盘旋而上可达塔顶。在明清两代时因遭遇多次地震,塔身中裂,塔顶残毁,现在仅存十三层。由于小雁塔的造型秀丽美观,各地的砖石结构密檐塔大都仿效建造,在云南、四川等地区的唐、宋时期的密檐塔虽各具地方特色,但仍可以看出与小雁塔的继承关系。今天寺内还保存有一口重达一万多公斤的金代明昌三年(1192年)铸造的巨大铁钟,钟声洪亮,"雁塔晨钟"被誉为关中八景之一。

4. 千寻塔

云南大理崇圣寺千寻塔建于9世纪的南诏国。千寻塔是砖结构密檐塔,檐多达16层,高58米,是密檐塔中檐数最多者。塔的造型与唐代其他密檐塔近似,即底层特高,上有多重密檐,全塔中部微凸,上部收分缓和。千寻塔各层塔檐中部微向下凹,角部微翘;塔底层东为塔门,西开一窗,以上各层依南北、东西方向交错设置券洞和券龛,与以前各密檐塔每层塔身上下直通开券门的做法相比有所改进,有利于抗震,造型上也更有变化。在千寻塔的西面,南北对称有两座八角砖砌密檐式塔,两塔形象和大小相近,高度均约 40 米,建于宋代。

5. 四门塔

山东济南神通寺四门塔建于 611 年隋朝时期,是目前中国现存最古老的单层亭阁式石塔,故有"中华第一石塔"和"中国第一古塔"之誉。四门塔呈平面四方形,用当地出产的大青石砌成,非常坚固,一千多年来尚无风化侵蚀的情况。由塔基、塔身、塔檐和宝顶组成,塔身上用石块垒砌挑出五层作为塔四角攒尖的锥状屋顶,上置石刻塔刹。塔内正中央有一个四方平台,平台上有一座方形塔心柱,塔心柱上方以 16 块三角形石梁和塔身相联系,托住塔顶。塔心柱四面各有一尊主佛像及左右两尊菩萨和弟子,目前剩下主佛。每尊佛像都是用整块大理石雕刻而成的。佛像皆螺发肉髻,颜面丰润,细眉慈眼,隆鼻长耳,嘴角上扬,安详恬静。四佛各有名号,西边佛像叫极乐世界无量寿佛,南边一尊称欢喜世界宝生佛,东边一尊为阿閦佛,北边的是莲花庄严世界微妙声佛。这些佛像雕刻细腻传神、刀法流畅、文饰清晰,极富中国文化、艺术的审美精神,是珍贵的佛教艺术极品。

6. 栖霞寺石塔

栖霞寺石塔(见图 4.3)建于五代南唐(937—975 年),是南方非常少见的密檐式塔。塔八角五檐,高仅 15 米。它改变了唐代的密檐塔只有一层低低的素平台基的做法,吸取了唐代某些小塔的造型方式,在塔下用须弥座为基座,座上并有仰莲式平坐,开创了以后密檐塔逐渐华丽的先风。栖霞寺石塔体量不大,各檐都由整块石材刻成,挑檐较深,檐下只刻出凸圆线脚,不雕斗拱,柱枋雕刻也很简洁,大体模仿木结构建筑的造型。栖霞寺石塔石面布满了浮雕,是五代雕刻精品。

图 4.3 南京栖霞寺石塔

二、佛寺

1. 佛光寺

佛光寺在山西五台县城东北 32 公里佛光山腰,始建于北魏孝文帝时期(471—499 年),隋、唐寺况兴盛,美名远及日本。佛光寺坐东向西,三面环山,唯西向疏豁开朗。佛光寺寺内建筑高低错落,主从有致。原有建筑弥勒大阁于会昌五年(845 年)被毁,宣宗继位后复佛法,至大中十一年(857 年)重建佛光寺大殿。殿面宽七间,进深四间,单檐四阿顶形制。前檐当中五间安有大型板门,两边安有直棂窗,便于殿内后部采光。殿内外柱上有古朴的斗拱,屋檐深远。殿内天花板将梁架分为明状(露明梁架)和草状(隐蔽梁枋)两部分。殿顶全用板瓦仰俯铺盖。殿内佛坛宽及五间,满布彩塑三十五尊。彩塑比例适度,躯体自如,面形丰满,线条流畅,均是唐代作品;五百罗汉则为明代补塑。此殿规模宏大,气势壮观,是我国现存唐代木构建筑中的代表作。现存六角形祖师塔,青砖砌筑,高约 8 米,形制古朴,是北魏遗物。寺内还有唐代石幢、墓塔、汉白玉雕像等。

2. 南禅寺

南禅寺位于五台县城西南 22 公里处的阳白乡李家庄附近的阳白沟小银河的北岸。南禅寺是我国现存寺庙中历史最久的一处唐代原建建筑。寺院重建于唐德宗建中三年(782 年)。南禅寺坐北面南,规模不大,占地面积 3000 多平方米。寺内现分东、西两院,有殿宇六座,除主体建筑大佛殿(见图 4.4)是唐代原物外,其余都是明、清时期的建筑。大佛殿为南禅寺主殿,外观秀丽,形体俊美、古朴。单檐歇山顶,四周各柱柱头微向内倾,与横梁构成斜角;四根角柱稍高,与层层叠架、层层伸出的斗拱构成"翘起",使梁、柱、枋的结合更加紧凑,增加了建筑物的稳固力。全殿体现了我国中唐时期大型木构建筑的显著特色。殿内 17 尊唐塑佛像都是唐代珍品。南禅寺内还有三只石狮和一座石塔,也都是唐代遗物。

图 4.4 南禅寺大佛殿

三、石窟

凿造石窟之风,经过南北朝到隋唐,达到了顶峰,其分布地区也由今华北地区扩展到四川和新疆地区。凿窟的功德主由帝王贵族到一般平民。凿造的形制和规模有容纳 17 米高的大佛和高仅 20 厘米的小佛不等。这些窟室内的雕塑、壁画、建筑等成为研究中国古代文化的重要材料。

唐代所凿的石窟主要分布在敦煌和龙门,龙门石窟外已不开凿前廊,仅有少数洞窟的顶部雕有天花。敦煌现存隋唐石窟虽仅由天花可看出一定的建筑处理,但内墙的壁画反映了唐朝佛寺的情况,也可以从这些石窟中看到许多唐代建筑画的范例。至于石窟在窟型上的演变,隋窟和北朝石窟基本相同,多数有中心柱,但也有些石窟将中心柱改为佛座,唐石窟则绝大多数不用中心柱。初唐盛行一窟两室的制度,前室供人活动,后室供佛;盛唐以后则改为单做的大厅堂,只有后壁凿佛龛供佛像,龙门的奉先寺就与这类窟接近,敦煌的许多唐石窟外也曾建有木廊。太原天龙山少数隋代石窟外建有石外廊,唐代石窟就没有了前廊。

开凿于唐玄宗开元初年(713年)的乐山大佛坐落在乐山市峨眉山东麓的栖鸾峰,依凌云山的山路开山凿成,面对岷江、大渡河和青衣江的汇流处,造型庄严,是世界现存最大的一尊摩崖石像,有"山是一尊佛,佛是一座山"的称誉。大佛为弥勒倚坐像,通高71米,坐东向西。其雕刻细致,线条流畅,身躯比例匀称,气势恢宏,体现了盛唐文化的宏大气派。据说乐山大佛竣工后,曾建有木阁覆盖保护,以免日晒雨淋。大佛棱、腿、臂、胸和脚背上残存的许多柱础和桩洞,证明确曾有过大佛阁。宋代重建之,称为天宁阁,后遭毁。

隋、唐、五代这一时期的建筑材料,有土、石、砖、瓦、琉璃、石灰、木、竹、铜、铁、矿物颜料和油漆等。砖的应用逐步增加,瓦分灰瓦、黑瓦和琉璃瓦三种。在使用金属材料方面,用铜、铁铸造的塔、纪念柱和雕像日益增多。

● **思 考 题**

1. 谈谈隋唐长安城的规划及里坊、市场的发展情况。
2. 谈谈唐陵的特点及其意义。
3. 举例分析隋唐时期的佛教建筑的发展情况。

第五章　宋、辽、西夏、金时期的建筑

　　这一时期建筑艺术风格发生了比较大的变化，与唐代相比，市民阶层的审美趣味使得这个时代的建筑风格更倾向于丰富的修饰，较注重外在的物质表现，逐渐脱离了刚健质朴的性格，显得秀柔有余而雄伟不足。市民阶层更关心的是现实的世俗生活，追求的是满足于耳目之娱的物质世界，花团锦簇和儿女情长代替了豪迈奔放的慷慨悲歌。那种"醉卧沙场君莫笑，古来征战几人回"的建功立业的豪情，在很大程度上已经被"市列珠玑，户盈罗绮竞豪奢"以及"今宵酒醒何处？杨柳岸、晓风残月"的伤感所取代。这种审美心理和艺术情怀的变化，是建筑发生变化的契机。

　　这一新的发展契机提示人们，一方面，五代两宋的建筑艺术将在唐代高度成就的荫庇下，沿着这一新方向继续丰富和创造自己，以至经过元代的相对沉寂，在明代中叶到盛清又酝酿出中国建筑艺术的高潮。另一方面也暗示着中国传统建筑艺术逐渐走向了因循的道路。守成多于革新，终于使得在明清木结构和手工业操作为特点的中国传统建筑在近现代建筑的强大冲击之下，未能开拓自己的全新局面。

　　江南经济文化的高速发展，使江南建筑作品更多地与北方建筑平分秋色，在这个时期总的时代风格前提之下，江南建筑妩媚秀丽的风姿，有别于北方较为质朴的倾向，更明显地体现了文化的地域色彩。

　　辽金建筑大力吸收了汉族建筑的成就，其中辽更多地接受了唐代开朗雄健的作风，金则受北宋影响较多，倾向华靡精巧。它们的都城、宫殿、佛寺和塔都是这个时期建筑的重要组成部分，但契丹与女真没有自己固有的强大的建筑传统，它们的成就以汉民族为主的中国传统为主。

　　在建设成就及特点方面，城市中，北宋都城汴梁和南宋都城临安及陪都平江的城市面貌与唐代两京不同，都是利用旧城改造而成，事先未曾按都城的要求和规模进行规划，所以不尽合于唐制，规模也比唐代两京要小。但因此也开启了一些新的规划手法，其中汴梁对后代影响尤大。它的宫城在全城中央，不同于唐代在城北。这一方式影响到元、明、清。由于城市面积较小，商品经济的发展又使人口剧增，所以城市面貌的最大变化是建筑密度大大提高。商业街的兴起终于冲击了已实行千余年的里坊制，城市不再兴筑坊墙，商店住宅也都面临街道。

　　建筑组合手法越来越多样。院落纵向组合，富于空间变化。

　　佛寺祠祀比唐代存世多得多，规模比唐代的小，塔保存更多，大都是八角形平面，无论砖塔或砖木混合结构塔大都模仿木塔，精雕细刻，与朴质的唐塔不同，这一时期，辽代佛教建筑占有特别重要的地位，不但保存较多，更因其唐风而受到广泛的关注。南方盛行砖木混合塔，颇具地方风格。这一时期，塔的雕刻更加细腻，塔的形象更加挺拔秀丽。最高的塔是河北定州市开元寺料敌塔。宋塔平面多为正方形，其余为六角形、八角形。四方形密檐塔在中原地区盛于唐，到宋代已很少见，而四川却延续于宋、元时期。

　　风格上，整个中国出现了以汉文化为主流的倾向。

　　建筑的色彩与装饰方面：儒家思想开始追求外在的表现，古建筑向秀丽发展，新的市民阶层的出现是建筑取得突破性的契机，但强大的传统和儒家审美情趣阻碍了建筑的发展。北宋陵墓的规制大致同于唐代，但规模、气势大为逊色。南宋陵墓改此前的十字轴线构图为以纵轴为主，立一代新风，开启了明、清的先声。

　　两宋园林有很大发展，一种富有情致的士人写意园在私园中兴起，水平已超过皇家园林，南宋时，由于文人学士的集中和江南水乡优美的环境，加以优越的气候条件，私家园林的中心从唐代的两京逐渐向江南转移。

　　这一时期的斗拱形式比唐代更为多样，但尺度逐渐缩小，布局趋于繁密，结构作用有所减弱，装饰作用开始加强。屋角起翘在北宋已经普及，给建筑增添了一种飘逸轻秀的趣味。建筑的装修和彩画、雕饰等装饰形式相当多样并更加成熟。

五代两宋在家具方面的主要发展是最终完成了由席地而坐向垂足而坐的转化,高型家具大量出现。风格一改唐代的富丽豪华,而以简约挺秀为主。

第一节　都城与宫殿

一、汴梁

960年,宋太祖赵匡胤建立宋朝,定都汴梁,史称北宋。汴梁在唐朝时称汴州,是大运河上一个重要的漕运城市。朱全忠代唐自立后梁,以汴梁为东都,以后的后晋、后汉、后周及北宋王朝都在此建都,当时称东京。东京有三重城,每重城都有护城河环绕。外城周长19千米,城墙每百步建有防御的"马面",南面有3座陆门、2座水门,东、北两面各有4门,西面有5门,每座城门建有瓮城,上建城楼和敌楼。内城位于外城的中央偏西北,周长9千米,每面各有3座门。内城除宫殿外,还有衙署、寺观、商店、作坊、宅第等。宫城位于内城的中央偏西北,每面各有一座城门,城的四周建有角楼。南面的丹凤门有5个门洞,门楼两侧有朵楼。往南是御街,街的两侧建有御廊。在宫城南北轴线的南部排列着外朝的主要宫殿。最前面的大殿宽9间,是皇帝大朝的地方;其次是常朝紫宸殿。在这轴线的西面,又有与之平行的文德、垂拱两组殿堂,作日朝和宴饮之用。外朝诸殿以北是皇帝的寝宫与内苑,宫内还有若干官署。内城东北隅有一座大型园林——艮岳,外城西郊有金明池,都是皇帝游乐的御苑。整个规模虽不如隋唐两朝,但具有灵活华丽和精巧的特点。北宋中期以后,东京已取消用围墙包绕的里坊和市场,但为了便于统治,把若干街巷组为一厢,每巷又分为若干坊。据记载,东京城内共有8厢121坊,城外有9厢14坊。东京的主要街道是通向城门的各条大街。住宅、店铺及作坊等面临街道建造。由于手工业和商业的发展,有些街道已成为各行各业集中的地段。勾栏、瓦肆、夜市也相继出现,张择端的《清明上河图》就表现了汴梁的繁华景象。

二、临安

1127年金兵攻破汴梁城,俘虏了北宋的徽宗、钦宗两位皇帝及后宫、百官。宗室赵构迁都临安(杭州),史称南宋。从此临安成为南宋时期全国政治、经济、文化的中心。从绍兴二十八年(1158年)开始,南宋政府在越国都"子城"基础上扩建。宫城内有"大殿三十座,室三十三,阁十三,斋四,楼七,台六,亭十九"。文德殿,俗称金銮殿,用汉白玉砌成的殿基高达两丈多,殿高约10丈,在高6~7尺(1尺=0.33米)的平台上,设有金漆雕龙宝座,两旁为蟠龙金柱,屋顶正中的天花板上刻有金龙藻井,倒垂有轩辕镜。文德殿是皇帝"外朝"举行重大典礼的场所,也是城内最高大的一座建筑物。文德殿后面是垂拱殿。垂拱殿为5间12架,长6丈,宽8丈4尺,是皇帝"内朝"日常接见群臣商讨国家大事的地方。垂拱殿后面是皇帝、后妃、太子生活起居的内廷,有皇帝就寝、用膳的福宁殿、勤政殿等宫殿。宫城内除了这些华丽的宫殿外,还有专供皇室享用的御花园——后苑。后苑内有模仿西湖景致精心构筑的人造小西湖。外城又名"罗城",内跨吴山,北到武林门,东南靠钱塘江,西濒西湖,气势宏伟。城墙高3丈,宽丈余,共有城门13座,城外绕有宽达10丈的护城河。

三、辽南京

辽南京又称燕京,在唐幽州城基础上改建。辽南京子城又称内城、皇城,位置偏于西南隅,与大城共用西门、南门。子城之中主要是宫殿区和皇家园林区,宫殿区的位置偏于子城东部,并向南突出到子城的城墙以外。南为南端门,东为左掖门(后改称万春门),西为右掖门(后改称千秋门)。宫殿区东侧为南果园区,西侧为瑶池宫苑区。由于子城位置偏于西南,城中只有两条贯通全城的干道,一条是东西向干道,名檀州街,一条是南北向干道。另外两条干道则只能从城门通往子城而终止。里坊区分布在子城周围。

四、金中都

1127年女真族打败北宋,建立金朝,1153年,迁辽南京,改名为中都,史称金中都。金中都仿照北宋汴梁之规制,在辽南京城基础上扩建,除了北墙不动外,东、西、南三面均加以扩大,城郭从长方形趋向于正方形,周长18.5公里。并修建皇城、宫城,形成了宫城居中的格局。据《金图经》记载,"都城之门十二,每向分三门,一正两偏……共十二门"。金代后期在城东北角又增建一座城门,为皇帝赴东北郊离宫琼华岛大宁宫之用。金朝沿袭汉族人的传统,在城南墙外建"圜丘"祭天,在城北建方形"方丘"祭地,东城外建祭日坛,西城墙外建祭月的方坛,开辟了人工湖泊即现在的北海和中南海。金中都每边三门对偶布置,每两座相对的城门之间设有街道。贯通全城的街道只有三条:第一条是在檀州街基础上向东西延伸而成的;第二条在檀州街以南;第三条是南北向大街,是在辽南京大街的基础上向南延伸而成的。此外有六条街道均自城门通到皇城区终止。

金中都城市结构变化之一:里坊制向坊巷制的转变。据文献记载,金中都有62坊,除了一部分继承辽代旧有的坊之外,有的将一坊分成两坊。一些街、巷,可从坊内通过,小巷也可直通大街,并出现以古迹命名的若干街道,这些正是里坊制崩溃的表现。当时,这里商业已相当繁荣,檀州街便是商业活动的中心,成为南方与东北进行贸易的市场。

金中都城市结构变化之二:布局向《周礼·考工记》的规划思想靠拢。金中都皇城之内、宫城之外布置行政机构及皇家宫苑。皇城南部一区从宣阳门到宫城大门应天门之间以当中御道分界,东侧为太庙、球场、来宁馆,西侧为尚书省、六部机关、会同馆等。左侧设太庙,右侧设政府官署、监察机关,明确地向中国传统都城中"左祖右社"的布局靠近了。

金中都城市结构变化之三:城内增建礼制建筑,如郊天坛、风师坛、雨师坛、朝日坛、夕月坛等。

第二节　宗教建筑

一、晋祠

晋祠在山西省太原市西南25公里的悬瓮山麓,晋水源头。相传是纪念周成王胞弟唐叔虞的祠堂,因其国号晋,故名晋祠。郦道元《水经注》和《魏书·地形志》已有关于晋祠的记载,可知晋祠兴建于北魏以前。北齐天保年间(550—559年)在晋祠大起楼观,穿筑池塘。天统五年(569年)下诏改晋祠为大崇皇寺。五代天福六年(941年)改为兴安王庙。宋太平兴国四年(979年)予以扩建。宋天圣年间(1023—1031年)在祠内西隅为叔虞之母邑姜营建了圣母殿。熙宁年间改庙为惠远祠,重修了鱼沼飞梁,飞梁前方增建了献殿、牌坊、钟鼓楼、金人台、水镜台等。明代在圣母殿南侧添建水母楼,复为晋祠,逐渐形成以圣母殿为主体的祠庙建筑群。圣母殿重檐歇山顶,面宽七间,进深六间,晋水由殿基涌出。殿身四周围廊,前廊深两间,廊柱上有木雕盘龙8条,为中国早期木构建筑中所罕见。殿身内外各有檐柱一周,侧角显著突出。柱上斗拱形制多样,梁架简洁,保持着宋制特征。殿内邑姜坐像设置于高大的神龛内。坐像比例适度,衣饰艳雅,体形丰润,面相清秀。神龛内外两侧的彩塑,为宋代珍品。

鱼沼飞梁(见图5.1)位于圣母殿前的方形池沼之上,架十字形板桥,曰"飞梁"。沼中立小八角石柱34根,用斗拱和梁枋支撑桥面,连至池岸,桥边设钩栏,此桥为中国现存古桥中的孤例。

献殿在飞梁之东,是祭祀圣母的享堂,建于金大定八年(1168年)。面阔三间,进深两间,单檐歇山顶,斗拱简洁,出檐深远,前后当心间辟门,四周槛墙上栅栏围护,外观酷似凉亭。

二、玄妙观三清殿

玄妙观在今江苏省苏州市,始建于西晋咸宁二年(276年),唐代称开元宫,北宋称天庆观,元代改今名,曾多次毁坏,多次修葺。三清殿是玄妙观的正殿,重建于南宋淳熙六年(1179年),是中国长江以南最大的木构古建

图 5.1　鱼沼飞梁

筑。它既是宋代官式建筑的代表,也表现出地方性建筑的特点,是研究宋代南北建筑差异的重要例证。1982 年定为全国重点文物保护单位。

三清殿为重檐歇山顶建筑,殿身面阔七间,进深四间,四周加一圈深一间的副阶,构成下檐。殿前有宽五间的月台。殿的木构部分属殿堂型构架。构架由上、中、下三层重叠而成。下层为柱网,沿周边立两圈柱子,外圈 22 柱,内圈 14 柱,柱顶架阑额,连成两个相套的同高矩形框,形成内外槽。又沿进深方向在内槽前后四柱间架四道顺串(即清式的随梁枋),使柱端纵横向都连在一起。在四道顺串的中部,下面又立四柱,形成现状的满堂柱网。中层是铺作层,在阑额和顺串上加普拍枋,枋上放斗,柱间用两朵补间铺作,前后内柱间顺串上用三朵补间铺作。殿内各铺作顶上架平枋,装设平,形成殿内空间。上层为屋顶构架层。除两山外,沿各间进深在内外槽柱之上及中柱间顺串中点之上(即脊下)立柱,压在铺作上层柱头枋上,柱间架梁,形成深 12 架前后用 5 柱的 6 道穿斗式草架。草架上架檩,构成屋顶。

殿四周副阶在下檐柱上用四铺作斗,上承副阶梁架,副阶梁尾均插入殿身檐柱。

三清殿木构部分有几点值得注意。①内槽柱头和补间铺作向内一侧在第二跳华以上用了向上斜举的上昂,前后内槽间顺串上三朵补间铺作均两面出上昂,是现存最早用于大木作中的上昂实例。②《营造法式》所载殿堂型构架的铺作层柱头斗承托明,明同下面的顺串间无补间铺作。此殿内槽前后间以顺串为梁,上置三朵补间铺作,上面不加明,直接用斗的柱头枋承上层屋顶构架,与《营造法式》所载做法不同,似为明官式做法之滥觞。③《营造法式》所载殿堂型构架内槽只沿周边一圈有斗,整个内槽是一个横长的、顶上呈锥形的敞厅。此殿在内槽柱间顺串上也加斗,把厅截成五段,形成五个并列的纵长形顶小厅。外槽厅划分也和"金箱斗底槽"不同。④唐、宋殿堂型构架柱子止于铺作之下。此殿虽绝大部分如此,但内槽后侧中间四柱穿过平上伸,后檐中间六柱也直抵檐檩下。内槽明、次间四道顺串上,在中间一朵补间铺作处各立一根蜀柱。在这 14 根柱上,斗都插在柱身上,显示出南方流行的穿斗式构架特点。上述四点中,后三点都反映了官式做法和地方做法的差异,两者出现在同一座建筑中,反映了它们的交流融合过程。

此殿现状为沿副阶柱开门窗砌墙。其门窗、墙壁、翼角、瓦件等屡经重修,已不能反映宋代风貌。殿内柱、天花、草架也多经抽换更易。另在内槽明、次间四道顺串中点下有四根柱,矮于其他内柱,它是原有的还是后加的,目前还有不同看法。殿内槽有砖砌须弥座,上塑三清像,虽经改装,基本上仍是宋代遗物。

三、隆兴寺

河北省正定县的隆兴寺,建于隋开皇六年(586 年),原名龙藏寺,宋初更名为龙兴寺,清康熙年间定名为隆兴寺。

隆兴寺主要建筑分布在南北中轴线上,有天王殿、大觉六师殿(今存遗址)、摩尼殿、戒坛、慈氏阁、转轮藏阁、大悲阁、弥陀殿等。其中摩尼殿、转轮藏阁、大悲阁、天王殿等都保存着宋代建筑的风格和特点。摩尼殿(见图5.2(a))建筑形制特殊,为中国现存早期古代建筑所仅有,摩尼殿建于宋仁宗皇祐四年(1052年),平面布局呈十字形,重檐歇山顶,四面正中设山花向前的歇山式,建筑主体富于变化,主次分明。大悲阁为隆兴寺主体建筑,阁内有铜铸大悲菩萨像。北宋开宝二年(969年)五月,宋太祖因城西大悲寺及寺内铜佛毁于契丹,继又毁于后周显德年间,乃于开宝四年七月在龙兴寺铜铸大悲菩萨像,后建大悲阁(见图5.2(b))。铜像有42支手臂,通高20多米,下有2.2米高的石须弥座,是我国现存早期铜像中较高者。天王殿是隆兴寺内现存四座宋代建筑中最古老的。

(a) 摩尼殿　　　　　　　　　　　　　　　　　　(b) 大悲阁

图5.2　隆兴寺建筑

四、独乐寺

独乐寺位于蓟州区西门内,相传创建于唐贞观十年(636年),由尉迟恭监修,后毁。辽统和二年(984年),秦王耶律奴瓜重建。该寺山门和观音阁为辽代建筑,其他都是明、清所建。布局、结构都比较奇特。全寺建筑分为东、中、西三部分,东部、西部分别为僧房和行宫,中部是寺庙的主要建筑物,由山门、观音阁、东西配殿等组成,山门与大殿之间用回廊相连接。这些都反映出唐、辽时期佛寺建筑布局的特点。

山门建筑在一个低矮的台阶上,坐北朝南,面阔三间,进深两间,柱身不高,侧角明显,斗拱雄大,屋顶为五脊四坡式,出檐深远而曲缓,檐角如飞翼,是我国现存最早的庑殿顶山门。正脊两端的鸱吻古朴,鱼尾翅转向内,与明、清寺院的吻尾翻转向外不同。

观音阁(见图5.3)是一座三层木结构的楼阁,在外观上像是两层建筑,高23米,中间腰檐和平坐栏杆环绕,上为单檐歇山顶。阁内中央的须弥座上,耸立着两尊高16米的泥塑观音菩萨站像,两侧各有一尊胁侍菩萨塑像,均制作于辽代,但其艺术风格类似盛唐时期的作品,是我国现存的最大的泥塑佛像之一。观音阁内以观音塑像为中心,四周列柱两排,柱上置斗拱,斗拱上架梁枋,其上再立木柱、斗拱和梁枋,将内部空间分成三层,使人们能从不同的高度瞻仰佛容。梁枋围绕佛像而设,中部形成天井,顶覆以斗八藻井,整个内部空间都和佛像紧密结合在一起。梁柱接杆部位因位置和功能的不同,使用了24种斗拱,显示了辽代木结构建筑技术的卓越

图5.3 独乐寺观音阁

成就。它是我国现存的最古老的木结构高层楼阁。

五、山西华严寺

山西华严寺在山西大同市西部,是辽金时期华严宗的重要寺庙之一。此寺主要殿宇皆面向东方,这与契丹族"拜日"、以东为上的宗教信仰和居住习俗有关。辽代佛教华严宗盛行,辽道宗亦曾亲撰《华严经随品赞》十卷,故特建华严禅寺。因寺内曾奉安诸帝石像、铜像,当时还具有辽皇室祖庙性质。明中叶以后分上下两寺,各开山门,自成格局。上寺以大雄宝殿为主,始建于辽,保大之乱(1122年)毁于兵火,金天眷三年(1140年)依旧址重建。大殿东向,面阔九间,进深五间,庑殿顶,它是现存辽金时期较大的佛殿,也是我国古代单檐木建筑中体型较大的一座。正脊上的琉璃鸱吻高达4.5米,北端鸱吻是金代遗物,南端鸱吻是明代制,亦是现存最大的琉璃鸱吻。下寺以辽重熙七年(1038年)建的薄伽教藏殿为中心,"薄伽"是印度梵文的译音,是佛的意思,"薄伽教"便是佛教,"薄伽教藏"便是佛教的经藏,而薄伽教藏殿就是专门存放佛经的殿堂。面阔五间,进深四间,单檐歇山顶。殿内斗八藻井,佛坛上列辽代塑像31尊。四壁列重楼式壁,为国内仅见之辽代小木作。殿内还有一座2.5米高的木构楼阁模型(见图5.4),是仿制明代大同城西北角的乾楼而作。

图5.4 木构楼阁模型

六、善化寺

善化寺位于山西大同城内西南隅,始建于唐,金初重修。天会六年(1128年)至皇统三年(1143年)建成。明正统十年(1445年)改称今名善化寺。全寺主要建筑沿中轴线展开,前为山门,中为三圣殿,均为金时所建。辽代遗构大雄宝殿坐落在后部高台之上,其左右为东西配殿。西侧为金贞元二年所建普贤阁。寺院建筑高低错落,主次分明,左右对称,是我国现存规模最大,最为完整的辽、金寺院。

七、佛光寺文殊殿

据记载,佛光寺始建于北魏孝文帝时期(471—499年)。唐朝时,法兴禅师在寺内兴建了高达32米的弥勒大阁,僧徒众多,声名大振。唐武宗会昌五年(845年),大举灭佛,佛光寺因此被毁,仅一座祖师塔幸存。847年,唐宣宗李忱继位,佛教再兴,佛光寺得以重建。之后,宋、金、明、清,均对佛光寺进行了修葺。1937年6月,中国当代著名建筑学家梁思成等人,对佛光寺进行了考察、测绘。1949 年后,政府和人民对佛光寺着意加以保护。如今,佛光寺外青山环抱,寺内古木参天,殿堂巍峨。这里既是佛教信徒朝拜的圣地,也是旅游者们观光的胜地。佛光寺建在半山坡上。东、南、北三面环山,西面地势低下开阔。寺因地势而建,坐东朝西。全寺有院落三重,分建在梯田式的寺基上。寺内现有殿、堂、楼、阁等 120 余间。其中,东大殿 7 间,为唐代建筑;文殊殿 7 间,为金代建筑;其余的均为明、清时期的建筑。

文殊殿在寺门内北侧,建于金天会十五年(公元 1137 年),元至正十一年(公元 1351 年)重修。1953 年又进行了补修。此殿梁架使用了粗长的木材,两架之间用斜木相撑,构成类似今天的"人字桁架",增加了跨度,减少了立柱,加大了殿内空间。殿内佛坛上有 7 尊塑像,中为骑青狮的文殊,两旁为胁侍菩萨。东西墙和北墙上,原有五百罗汉的彩绘,现仅存 245 尊。这些塑像和壁画,都在明代弘治年间(公元 1488—1505 年)重新装绘过。

佛光寺东大殿南侧偏东,有一座六角形的砖塔。下层空心,西面开门;上层实心,设假门。这就是寺僧们所说的初祖禅师塔,即祖师塔,建于北魏时期,是唐代会昌五年灭法,佛光寺被毁时留下的唯一建筑物。这是全国仅存的北魏时期的两座古塔之一,更显珍贵。

佛光寺内,还有唐代石幢两座。一座在东大殿前,高 3.24 米,八角形,立于唐大中十一年;一座在文殊殿前,高 4.9 米,八角形,立于唐乾符四年(公元 877 年)。寺外,还有唐代和尚塔。寺后东山坡上,有唐代大德方便和尚塔、无垢净光塔;寺西北 500 米许,有唐代华严宗大师解脱和尚塔、金代杲公和尚塔。这些塔,或六角形,或四方形,均为砖砌。在无垢净光塔处,先后出土了汉白玉石佛、天王、力士、迦叶、阿难和小菩萨像等,均为唐代遗物,现在大殿内展出。

八、应县木塔

应县木塔又称释迦塔(见图 5.5),位于山西应县城内的佛宫寺内,是我国已知的现存最高最古老的一座木构楼阁式塔。塔建于辽清宁二年(1056 年),金明昌六年(1195 年)装修完毕。木塔建造在 4 米高的台基上,塔高 67.31 米,平面呈八角形。第一层立面重檐,以上各层均为单檐,共 5 层 6 檐,各层间夹设暗层,实为 9 层。各层均用内、外两圈木柱支撑,每层外有 24 根柱子,内有 8 根,木柱之间使用了许多斜撑、梁、枋和短柱,组成不同方向的复梁式木架。整体比例适当,外形稳重庄严。

塔身底层南北各开一门。二层以上周设平坐栏杆,每层装有木楼梯,可达顶端。二至五层每层有四门,均设木隔扇,门外有周栏,可出门凭栏远眺。塔内各层均塑佛像。塔顶作八角攒尖式,上立铁刹。

该塔的柱网和构件组合采用内外槽制度。在功能上,内槽供佛,外槽为人活动的空间;在结构上,外槽和屋顶使用明、草两套构件。作为多层建筑,各层间均有暗层,作为容纳平坐结构和各层屋檐所需要的空间;各层上下柱不直接贯通,而是上层柱插在下层柱头斗拱中的"叉柱造"。这些都是唐、辽时期木结构建筑的重要特征。平面改用八角形,比隋、唐时期的方形空间更为稳定。使用双层套筒式的平面和结构,把中心柱扩大为内柱环,不但扩大了空间,而且大大增强了塔的刚性。后来金代又在暗层内增加许多梁柱斜撑,更加强了塔的整体性。

应县木塔的设计,大胆继承了汉、唐以来富有民族特点的重楼形式,充分利用传统建筑技巧,采用的斗拱样式达 54 种。设计科学严密,构造完美。

图 5.5 应县木塔

塔内还发现了一批极为珍贵的辽代文物,为研究辽代政治、经济、文化和契丹文字提供了宝贵的资料。尤其是辽刻彩印,填补了我国印刷史上的空白。

九、云岩寺塔

云岩寺塔(见图5.6)又名虎丘塔,位于苏州城西北郊,距市中心5千米。相传春秋时吴王夫差就葬其父(阖闾)于此地,葬后3日,便有白虎踞于其上,故名虎丘山,简称虎丘。虎丘塔是驰名中外的宋代古塔,始建于五代后周显德六年(959年),落成于北宋建隆二年(公元961年)。塔七级八面,内外两层枋柱半拱,砖身木檐,是10世纪长江流域砖塔的代表作。由于从宋代到清末曾遭遇多次火灾,故顶部的木檐均遭毁坏,现塔身高47.5米。1956年,在塔内发现大量文物,其中有越窑青瓷、莲花碗等罕见的艺术珍品,现在看到的虎丘塔已是座斜塔。

虎丘塔与西安大雁塔相似,都是大型多层的仿木构楼阁式砖塔。它们同为七层,大雁塔现高64米,虎丘塔若恢复其初建原状(即包含原塔刹部分在内)也当在60米上下。它们都以条砖和黄泥为主要建筑材料,都是著名的佛教寺院的主要建筑物。构成建筑特征的仿木构部分的柱、枋和斗棋等都以条砖砌筑而成,特别是塔壁外面层间的出檐都以砖砌叠涩构作,外伸不远,做法相似,这些都是虎丘塔与大雁塔的相似之处。但随着生产力的发展,虎丘塔在许多方面又超过了建于唐代初期的大雁塔。

图5.6　虎丘塔

首先,塔的平面形状已由方形过渡到八边形,这在建筑技术上是一个突破。宫殿、官署、民居等,在传统建筑形式上都是正方形的,改为八边形,构作技术要复杂得多,但抵抗外力性能也大为增强。虎丘塔虽非第一座八边形塔,但在高层大型的八边形佛塔中无疑是属开先河的。自此以后,八边形塔成为我国佛塔的主要形式。

虎丘塔为套筒式结构,塔内有两层塔壁,仿佛是一座小塔外面又套了一座大塔。其层间以叠涩砌作的砖砌体连接上下和左右,这样的结构,性能上十分优良,虎丘塔历经千年斜而不倒,与其优良的结构是分不开的。塔身平面由外墩、回廊、内墩和塔心室组合而成。全塔由8个外墩和4个内墩支承。内墩之间有十字通道与回廊沟通,外墩间有8个壶门与平坐(即外回廊)连通。自虎丘塔之后的大型高层佛塔也多采用套筒式结构。当代世界上的高层建筑也多采用套筒式结构,这足以显示出我国古代建筑匠师们的智慧和技巧了。

虎丘塔的砌作、装饰等更为精致华美,如斗棋、柱、枋等已不同于大雁塔浅显的象征手法了,而是按木构的真实尺寸做出,斗棋已出跳两次,形制粗硕、宏伟;斗棋与柱高的比例较大;其他如门、窗、梁、枋等的尺度和规模都再现了晚唐的风韵和特点。

在建筑功能上,虎丘塔的外塔壁外面出现了平坐栏杆,这就使登塔者能自由地走出塔体,扩展视野,从而改变了大雁塔那种只能从塔体门洞内往外观望的小视角状况。在虎丘塔之前的砖塔中,至今还没有发现塔体外建有平坐栏杆的先例。虎丘塔的内外装饰,色彩鲜明浓烈,使仿木的氛围更加逼真。塔壁内外留存的百余幅牡丹图和勾栏湖石塑画更是形态各异、生动活泼、栩栩如生。虎丘塔是现存最古老的砖塔,也是唯一保存至今的五代建筑。塔身设计完全体现了唐宋时代的建筑风格。虎丘塔被尊称为"中国第一斜塔"和"中国的比萨斜塔"。虎丘塔建于五代后周末期,落成于北宋建隆二年(公元961年),比意大利著名的比萨斜塔早建200多年。该塔为仿楼阁式砖木结构,共7层,高47米。由于塔基土厚薄不均、塔墩基础设计构造不完善等原因,从明代起,虎丘塔就开始向西北倾斜,现在塔尖倾斜2.34米,塔身倾斜度为2.48°。

虎丘塔初建为木塔,后毁。现存的虎丘塔建于后周显德六年至北宋建隆二年(公元959—961年)。塔系平面八角形,七级。原来的塔顶毁于雷击。1956年重修时,在第三层夹层内发现石函、经箱、铜佛、铜镜、越窑青瓷、莲花碗等大批珍贵文物。虎丘塔塔身全为砖砌,重6000多吨。据记载,由于地基原因,自明代(公元1368—1644年)起,虎丘塔就向西北倾斜。1956年,苏州市政府邀请古建筑专家采用铁箍灌浆办法,加固修整,终于保住了这座木塔。1961年列为全国重点文物保护单位之一。

十、六和塔

六和塔(见图5.7)位于杭州钱塘江畔月轮山上,始建于北宋开宝三年(公元970年),宣和五年,塔被烧毁。南宋绍兴二十四年重建,清光绪二十五年重修塔外木结构部分。1961年被国务院定为全国重点文物保护单位。

图5.7 六和塔

六和塔的名字来源于佛教的"六和敬",当时建造的目的是用以镇压钱塘江的江潮。六和塔塔高59.89米,建造风格非常独特,塔内部砖石结构分7层,外部木结构为8面13层。清乾隆帝曾为六和塔每层题字,分别为初地坚固、二谛俱融、三明净域、四天宝纲、五云覆盖、六鳌负载、七宝庄严。

六和塔外形雍容大度,气宇不凡,曾有人评价杭州的三座名塔:六和塔如将军,保俶塔如美人,雷峰塔如老衲。从六和塔内向江面眺望,可看到壮观的钱塘江大桥和宽阔的江面。

六和塔原建塔身九级,顶上装灯,为江船导航。宣和五年,塔被烧毁。南宋绍兴年间重建。明正统二年,修顶层和塔刹,清光绪二十五年(公元1899年),重建塔外木结构。从塔内拾级而上,面面壶门通外廊,各层均可倚栏远眺,那壮观的大桥,飞驶的风帆,苍郁的群山,赏心悦目。宋郑清之有诗句云:"径行塔下几春秋,每恨无因到上头。"现存六和塔,平面八角形,外观八面十三层,内分七级。高59.89米,占地888平方米。

六和塔兀立于山水之间,伟硕挺拔,势干云天,气魄非凡,它是中国古代楼阁式塔的杰出代表之一,也是历史文化名城杭州最重要的宋代高大建筑遗存。如果把保俶塔比做柔丽动人的女子,那么,六和塔则更像一名充满阳刚之气的壮士。这一柔一刚,为天堂杭州增添了丰富多样的审美意趣。

塔身自下而上塔檐逐级缩小,塔檐翘角上挂了 104 只铁铃,檐上明亮,檐下阴暗,明暗相间,从远处观看,显得十分和谐。塔内每两层为一级,有梯盘旋而上,壁上饰有须弥座,人物花卉、鸟兽图案等雕刻,非常精致。游人从塔上可眺望钱塘江,景色秀丽。清晨登塔,正如白居易《忆江南》中所描写的:"日出江花红胜火,春来江水绿如蓝。"美不胜收。据传,《水浒传》中的花和尚鲁智深与行者武松最后在六和塔为僧,圆寂于此。六和塔为古建筑艺术之杰作,1961 年国务院将其定为全国重点文物保护单位。近年新建"中华古塔博览苑",现已开放,游人不绝。

六和塔木檐 13 层,清光绪二十六年(公元 1900 年)重新修建,塔的内部有六层是封闭的,七层与塔身的内部相通,自外及里,塔可分外墙、回廊、内墙和小室四个部分,形成了内外两环。内环是塔心室,外环是厚壁,回廊夹在中间,楼梯置于回廊之间。外墙的外壁,在转角处装设有倚柱,并与塔的木檐相连接。墙身的四面开辟有门,因为墙厚达 4.12 米,故而进门后,就形成了一条甬道,甬道的两侧凿有壁龛,壁龛的下部做成须弥座。穿甬道而过,里边就是回廊。内墙的四边也辟有门,另外的四边凿有壁龛,相互间隔而成。内墙厚 4.20 米,故而每个门的门洞内,也形成了甬道,甬道直通塔中心的小室。壁龛的内部镶嵌有《四十二章经》的石刻。中心的小室原来是为了供奉佛像而设的,为仿木建筑,制作讲究。六和塔所有壶门的造型,线条流畅,圆润美观,是南宋时期典型的做法。塔身的第七层和塔刹是元代重修的。

六和塔中的须弥座上有 200 多处砖雕,砖雕的题材丰富,造型生动,有争奇斗艳的石榴、荷花、宝相,展翅飞翔的凤凰、孔雀、鹦鹉,奔腾跳跃的狮子、麒麟,还有昂首起舞的飞仙等。这些砖雕,与宋代成书的《营造法式》所载十分吻合,是中国古建筑史上珍贵的实物资料。

十一、泉州开元寺

泉州开元寺始建于唐朝垂拱二年(公元 686 年),寺庙规模宏伟。东为"镇国塔",高 48.27 米,始建于唐咸通六年(公元 865 年),初为木塔,南宋嘉熙二年(公元 1238 年)改为花岗岩石塔。西为"仁寿塔",高 45.06 米,始建于五代梁贞明三年(公元 917 年),初为木塔,南宋绍定元年至嘉熙元年(公元 1228—1237 年)也改为花岗岩石塔,两塔均为八角五层楼阁式仿木构塔。双塔(见图 5.8)塔座均为须弥座,塔每层开四门设四龛,门龛位置逐层互换,外有平坐扶栏。塔顶有刹,刹尖托金刚葫芦。塔心为八角形实心体,每层修有楼梯供上下。塔须弥座束腰部有三十九幅青石浮雕佛传图。开元寺双塔是我国最高、最大的一对石塔。

十二、北京天宁寺塔

北京天宁寺塔建于辽代末年,为八角十三层密檐式实心砖塔,高达 57.8 米,是辽代密檐塔的代表。平台以上是两层八角形基座,下层基座各面以短柱隔成六座壶门形龛。基座之上为平坐,平坐斗拱为砖雕仿木造。平坐之上,用三层仰莲座承托塔身。塔身八面作拱门和直棂窗,门窗上部及两侧有浮雕。塔顶用两层八角仰莲座,上承宝珠作为塔刹。

辽代密檐塔是雄健和细密两种风格的奇妙混合。高大的基座、高峻劲健的第一层塔身、密接的层层塔檐、敦厚的塔刹以及整体凝重雄伟的体型,都显示了北方民族勇健豪放的精神气质。和唐代密檐塔的简朴爽朗的风格相比,辽代密檐塔显然是趋向烦琐。

图 5.8　泉州开元寺双塔

十三、祐国寺塔

祐国寺塔(见图5.9)位于开封市东北隅。祐国寺塔因为塔身以褐色的琉璃瓦镶嵌而成,酷似铁色,故而俗称铁塔。铁塔原建于开宝寺内,北宋年间,寺院规模宏伟,殿堂林立,共有280区,设有福胜、上方、永安、能觉等24禅院,并设立礼部贡院,在此考选全国的举子。北宋历代的皇帝常来此游幸,遂以北宋开宝年号命名,故名开宝寺,当时开宝寺名声显赫,一度成为中原名刹之一。

铁塔的前身原来是木塔,平面呈八角形,共十三层,传说是宋代的巨匠喻皓主持建造的。北宋庆历四年(1044年)木塔毁于雷火,皇祐元年(公元1049年)重新修建,即今之铁塔。清朝道光二十一年(1841年)黄河泛滥,水灌开封,寺院夷尽,唯有铁塔安然无恙,独存于世。

铁塔通高55米,八角十三层,是仿木构的楼阁式砖塔,内部用砖砌筑,塔身外部砌筑仿木结构的门窗、柱子、斗拱、额枋、塔檐、平坐等形式,整个砖塔是用28种不同标准型的砖制构件拼砌而成的。塔身的外壁镶嵌有色泽晶莹的琉璃雕砖,有飞天、麒麟、游龙、雄狮、坐佛、立僧、伎乐、花草等50多种图案,内容丰富多彩,动物和人物造型栩栩如生,工艺精巧,是砖雕艺术中的精品。塔身飞檐翘角,造型秀丽挺拔。塔内的螺旋式磴道,将塔心柱和外壁紧密地连成一体,形成了坚强的抗震体系。900多年来,铁塔历经无数次的地震、水患、兵火,至今仍自岿然不动,可以称得上是千古杰作。顺磴道可攀缘到塔顶,凭栏远眺,古都开封的古城风貌尽收眼底。"铁塔行云"也是宋代以来形成的著名汴梁八景之一。

图5.9 祐国寺塔

十四、繁塔

繁塔位于河南省开封市东南面,是一座六角形砖塔。繁塔建于北宋开宝七年(公元974年),上下九层,高达百米。据明人记载,明初,朱元璋第五子在开封做周王,终日操练兵马,伺机夺权。太子察觉,向朱元璋进言说,开封历代出帝王,是因为王气重,王气重是因塔高,要除王气,故繁塔上面的六层就被铲去。后来,人们在余下的三层塔上又修了一个九层小塔。

第三节 陵寝

一、北宋皇陵

北宋皇陵分布在河南巩义市的西村、芝田、市区、回郭镇4个镇区,占地约30平方千米,通称"七帝八陵"。

各陵建制大体相同,诸陵以帝陵为主体,其西北部有陪葬的后陵。每陵由"兆域""上宫""下宫"三部分和石像生组成。陵体为三阶的方锥形土台,四周砌有正方形的神墙。"兆域"只种松柏,不筑墙垣。"上宫"筑有陵台,台前置内侍一对,陵台四周建墙,四角立楼,四面设神门,东西北三门外各有石狮一对。南神门外为祭祀神道,两侧为众多的石像生,还有华表柱一对。柱以南为乳台和鹊台。"下宫"多设在"上宫"之后,作为供奉帝后遗容、遗物和守陵祭祀之用,规模与"上宫"略同。

位于市中心的永昭陵,是北宋仁宗皇帝赵祯的寝陵。永昭陵与北宋其他陵寝的建筑布局基本相同,都是按照唐、宋的"地形堪舆"和"山水风脉"选葬。它坐北向南,东南穹隆,西北低垂,这就是"山高水来"的"风水宝地"。围绕陵园还建有寺院、庙宇和行宫等。

宋陵有如下特点。

第一,唐朝诸陵的规模、石像生的数目和种类相差很大,宋陵则比较整齐,形制、规模基本一致。

第二,宋陵规模较唐陵小。因为宋朝的帝、后生前不营建陵墓,按礼制规定,在死后七个月内必须下葬,因而选择陵址和陵寝规模都受限制。

第三,宋陵明显根据风水观念来选择地形。宋代盛行"五音姓利"的说法,国姓——赵所属为"角"音,必须"东南地弯、西北地垂",因此各陵地形东南高而西北低,一反中国古代建筑基址逐渐增高而将主体置于最崇高位置的传统方法。诸陵的朝向都向南而微有偏度,以嵩山少室山为屏障,其前的两个次峰为门阙。

第四,陵寝集中。汉唐陵墓,大而散,自为一体。自此以后,南宋、明、清各朝,都仿北宋设置集中的陵区。

二、西夏王陵

西夏王陵位于宁夏银川市西郊的贺兰山东麓中段,东西宽约4.5千米,南北长10千米左右,总面积近50平方千米。

与宋、辽鼎立的少数民族王国——"大夏"(公元1038—1227年)王朝,因其位于同一时期的宋、辽两国之西,历史上称之为"西夏"。它"东尽黄河,西界玉门,南接萧关,北控大漠,地方万余里,倚贺兰山以为固",雄踞塞上,立朝189年,先后传位10主,后为成吉思汗所灭。

西夏王陵建筑群被誉为"东方金字塔"。陵区内现存9座帝陵,253座陪葬墓。陵区北端有一处大型建筑遗址,东部边缘为陵区窑场。依陵墓的自然分布,西夏陵可分为4区,自南而北纵向排列,每区各有帝陵2~3座,陪葬墓多集中于帝陵左右或前面,成群组式分布。

西夏陵帝陵建筑保存较好,建筑的主体为夯土。每座陵园由角台、鹊台、碑亭、月城、陵城、门阙、献殿、陵台等8种20余座建筑组成。陵园基本结构略呈"凸"字形,由月城与陵城连接而成,前面是东西对称的碑亭、鹊台;角台位于最外围,献殿、陵台位于一条南北轴线上,位置居于陵城中轴线西侧。陵台是一座塔式建筑,八角形,上下分为五级、七级或九级,外部并有出檐及砖瓦结构。这是西夏陵最具特色的建筑。帝陵的墓室为多室土洞式。西夏陵陪葬墓也由一定的墓园建筑组成,建筑的数量与规模不尽相同,墓冢形制多样,有夯土冢、积石冢、土丘冢,外形也不一样。墓冢高度3米至16米不等。陪葬墓的分布多呈群组式,显示出较强的规律性,并且出现了一域双墓、一域三墓的特殊葬式。

西夏陵三号陵(见图5.10)面积15万平方米,是西夏陵九座帝王陵园中占地面积最大和保护最好的一座,考古专家认定其为西夏开国皇帝李元昊的"泰陵"。

图5.10 西夏陵三号陵

思考题

1. 谈谈中国塔的演变史以及塔对现代建筑的启示。

2. 解释"鱼沼飞梁"和《营造法式》。

3. 宋陵与前代陵寝相比有什么特点?

第六章　元、明、清时期的建筑

元、明、清时期文化的一个重要特点就是文化体制的二元性。

在建筑成就方面，城市建设，例如元大都，规划较为完善，同时木结构建筑的变革延续宋金风格，但在规模、质量上都逊于两宋，更为简单、粗糙，地方建筑简化，烦琐的装饰凋零。常用弯曲的木料作梁架构件，许多构件被简化。

随着中土的道教、佛教和草原的藏传佛教的发展，以及伊斯兰教、基督教等的传入，宗教建筑得到了发展。

第一节　都城、宫殿与其他

一、元大都

元大都是元世祖任用汉人刘秉忠和阿拉伯人也黑迭儿共同规划，在金中都旧城的基础上北移，按《周礼·考工记》中建都规矩改建而成的。通常把新、旧城并称为"南北二城"，新城设有居民坊75处，旧城设有居民坊62处。新城的平面呈长方形。城外绕以护城河。元大都道路规划整齐、泾渭分明，全城包括外城、皇城、宫城。外城东南西面每面开三门，北面开两门，各门建瓮城，城门上建城楼。外城和宫城四角上，均建有角楼，城墙用土夯筑而成。城中的主要干道，都通向城门。

皇城在大都南部的中央，皇城的南部偏东为宫城。皇城中包括有三组宫殿和太液池、御苑。宫城位于全城中轴线的南端，有前后左右四座门，四角建有角楼。宫城内有以大明殿、延春阁为主的两组宫殿。宫城之西是太液池，池西侧的南部是太后居住的西御苑，北部是太子居住的兴圣宫，宫城以北是御苑。皇城的东西两侧建有太庙和社稷坛。

元大都新城规划的最大特色是以水面为中心来确定城市的格局，这与蒙古游牧民族"逐水草而居"的传统习惯有关。大都的水系是由郭守敬规划的，他疏通了东面的运河——通惠河，使南方物资可以通过运河直达大都。

元大都新城中的商市分散在皇城四周的城区和城门口居民集结地带。其中东城区是衙署、贵族住宅集中地，商市较多。北城区因郭守敬开通通惠河，沿海子一带形成繁荣的商业区。海子北岸的斜街是各种歌台酒馆和生活必需品的商市汇集处。稍北鼓楼附近还有一处全城最大的"穷汉市"——劳力市场。西城区则为牲口买卖集中地。南城区即金中都旧城区，商市、居民密集，形成繁华地区。

元大都在钟楼、鼓楼上设铜壶滴漏和鼓角报时。中国古代历来利用里门、市楼、谯楼或城楼击鼓报时，但在市中心单独建造钟楼、鼓楼，尚无先例。

元大都建立了后期都城的规范。它三重城垣、前朝后市、左祖右社，有九经九纬的街道。标准纵街横巷制的街网布局，成为宋以来城市发展的一个总结。元大都在规划中还注意促进商业的发展，并有发达的给排水系统和完善的军事防御、对内监督设施等。

二、明清北京城

1368年，朱元璋称帝，国号为明，定都应天府(南京)，将第四子朱棣封为燕王，驻守大都，并改大都为北平，朱元璋死后，朱棣夺取皇位，为防御蒙古族的侵袭，迁都北平，并改名为北京。

朱棣任命侯爵陈珪和工部侍郎吴中,花13年重新设计规划北京城和紫禁城。他还任命蒯祥建了天安门、紫禁城三大殿。明中期的嘉靖三十二年,即1553年在原城南加筑外城,清朝沿用。这样,明清北京城就包括外城、内城、皇城和宫城四部分。外城为矩形,周长约16.5千米。城内主要是手工业区和商业区及规模巨大的天坛和先农坛。内城在外城北,近正方形,周长约24千米。内城的城门都有瓮城,建有城楼和箭楼。内城的东南和西南两个城角上建有角楼。皇城位于内城的中心偏南,周长约11.5千米。城四面开门,南门天安门的前边还有一座皇城的前门,明朝称大明门,清朝改名大清门。皇城内的主要建筑有宫苑、庙社、寺观、衙署、宅第等。宫城即紫禁城,皇城四面建有高大的城门,四角建有角楼。明清北京城的布局有一条自南而北长达7.5千米的中轴线,城内的重要建筑都布置在这条轴线上。在外城,以南正门永定门为起点,至内城南正门正阳门为止,一条宽而直的大街,两旁对称布置两大建筑组群:东为天坛,西为先农坛。再向北延伸,经正阳门、大明门到天安门,在大明门和天安门之间,有一条宽阔平直的千步廊。进入天安门又有午门,也称端门(见图6.1),在午门的左右两边对称的是太庙和社稷坛;在太和门的左右两边对称的是文英殿和武英殿;在轴线上布置太和殿、中和殿、保和殿,与乾清宫、交泰宫、坤宁宫前后呼应。再后为左右对称的东西六宫和东西六所。再往北有神武门(玄武门)、全城的制高点——景山、地安门,最后以高大的钟楼、鼓楼作中轴线的终点。中轴线将外城、皇城和内城串联起来。主体建筑平衡对称、高低有别、错落有序。

图6.1 故宫午门

1644年清军入关,攻占北京,顺治帝只是将战争毁坏的宫殿修复,各座大殿的匾额增加了一行满文,皇家子弟不采取分封的办法,建了专门的王府供八旗子弟住,无军政实权。

三、故宫

故宫(见图6.2)始建于明永乐四年(1406年),明清时称紫禁城,1925年始称故宫。其占地72万平方米,建筑面积15万平方米,现存建筑980余座,是中国现存规模最大、保存最完好的古建筑群。故宫建筑讲究封建等级制度,严格保持对称布局,依建筑功能的不同,造成多种多样的空间组合形式,在总体的和谐中富有节奏的变化。它集中体现了古代建筑艺术的优秀传统和独特风格,代表了中国古代建筑工程技术的最高水平,在世界建筑史上占有重要地位。

故宫总体布局为体现封建皇权至高无上的地位,建筑上充分比附"宫城居中,左祖右社,面朝后市"及"三朝"、"五门"和"前朝后寝"的古制,以南北为中轴线,采取严格对称的院落式布局,按使用功能分区,依用途和重要程度有节奏有等差地安排建筑群的体量和空间。太庙和社稷坛在宫城左右。

宫城平面呈矩形,南北长961米,东西宽753米,墙高10米。城垣中心为夯土墙,两面包砌大城砖,外有护城河。城垣四面各开一门,是宫门的"四正"。各门均为红色城台。城台区中建重檐庑殿顶的城楼一座。南面正门称午门,高35.6米,建在凹字形墩台上,正面下开三门洞,两翼内转角处各开一掖门。门楼面阔九间,进深

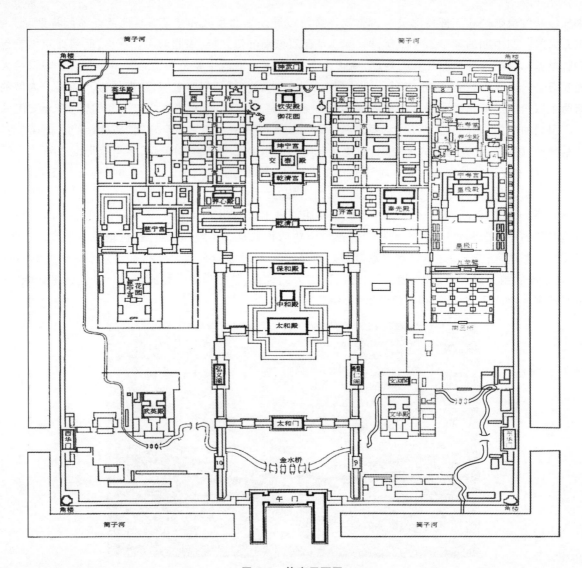

图 6.2 故宫平面图

五间,东西两翼为两面出廊的两观,俗称雁翅楼,四角为重檐金顶、四角攒尖式阙亭。紫禁城的北门称玄武门,东门称东华门,西门称西华门。均下开三门洞,门楼面阔七间,进深三间。紫禁城四角是宫殿的"四维",各有一座三层檐十字脊四面歇山四面抱厦的角楼,其造型的神奇不仅在于曲折多角、七十二条脊的轮廓上,更特殊的是其构造中线与空间组合轴线不在一个角度,十字脊为子午酉卯正方位的垂直交叉,对称的轴线则为城墙转角的分角线,以突出"四维"的特点。

宫城内分外朝和内廷两区。外朝在前部,外朝的建筑多疏朗雄伟,富有阳刚之美。布局和构造多用奇数,如三大殿、五门、五凤楼以至台阶的层数;正门为太和门,两侧有昭德门、贞度门。太和门为重檐歇山式的殿宇式宫门,面阔九间。台基为白石须弥座。太和殿(见图6.3)是外朝主殿,为举行大朝会和大典的地方,是中国最大的木构殿堂。面阔11间,进深5间,重檐庑殿顶,高9丈9尺,为古代等级最高的屋顶,柱网为三环布局,是古代最高等级的结构类型。殿内木柱排列成行,共72根,明间六柱用沥粉金漆蟠龙,环绕镂空透雕宝座,顶上雕以精美蟠龙藻井。天花彩画以行、坐、升降龙为主题,采用"赤金""库金"互变与蓝色、绿色互变相结合的手法,变化错综。室内用0.67平方米的金砖墁地。殿前露台上陈设着成排的铜炉,两侧有日晷和嘉量,后面有铜龟、铜鹤各一对。

中和殿是皇帝接受内阁礼部及侍内执事人员等朝拜的地方。在台基中部,为五间方亭式、单檐、四角攒尖式屋顶、四面格扇的殿堂。鎏金宝顶镌刻极为精致。

图 6.3　故宫太和殿

保和殿是举行殿试和宴会的地方,属明代万历四十三年(公元 1615 年)的建筑,面阔九间,重檐歇山顶,结构灵活巧妙,前后梁架不受对称的约束,殿内前部不用里金柱。

文华殿、武英殿,均为由殿堂、门、配殿和廊庑组成的矩形院落。

内廷建筑多严谨富丽,具有阴柔之美。内廷为皇帝处理日常政务及其家眷居住的地方。由于建筑功能不同,建筑艺术也有特色。内廷多用偶数,如中轴线上的乾坤两宫(16 世纪增建交泰殿)、东西两侧的六宫,台阶、槛墙层数等。中间主要部分分为三路,包括后三宫、东西六宫、乾东西五所、御花园等。

御花园在后三宫以北,明代称后苑。布置方法基本上按照宫殿主次相辅、左右对称的格局安排,山石树木做陪衬景物,布局紧凑。

东六宫为钟粹宫、承乾宫、景仁宫、景阳宫、永和宫、延禧宫。西六宫为储秀宫、翊坤宫、永寿宫、咸福宫、长春宫、太极殿,还有斋宫、毓庆宫和养心殿。建筑之间隔以巷道,每座宫都是一个独立单元,外围高墙。

四、天坛

天坛位于北京的东南部,建于明朝永乐十八年(公元 1420 年),明、清两代都进行过补修,它是明、清两代皇帝祭天、祈谷的圣地,也是中国现存规模最大的一处坛庙建筑。明初,名天地坛,祭天地都在这里举行。明嘉靖九年(公元 1530 年),在北京北郊另建祭祀地神的方泽坛——地坛,此处成为专门祭祀上天和祈求丰收的场所,并改名为天坛。

古人的宇宙观认为,天地的结构是"天圆地方",引申出"上圆下方""北圆南方"。因此,天坛围墙南部为方形,象征地象,北部为圆形,以法天象。天坛的主体建筑均集中在南北向的中轴线上,并由长 360 米、宽 28 米的石桥——丹陛桥相连,各单体建筑之间用矮墙相隔。

中轴线的南端有圜丘坛(见图 6.4)。它是皇帝冬至日祭天的地方,故又称祭天台(拜天台)。它原为 3 层蓝色琉璃台,清乾隆十四年改成青石。台高 3 层,每层 4 面有 9 级台阶,周围为汉白玉栏杆。上层直径为 9 丈,中层 15 丈,下层 21 丈,均为奇数(奇数为阳),以符天为阳之说,3 层之和为 45 丈,为 9 的 5 倍,有"九五之尊"之意。上层台面镶嵌九重扇形石板,象征九重天。第一环扇形石块为 9 块,第二环扇形石块为 18 块,到第 9 环扇形石块为 81 块,坛的中心为"天心石"。中层坛从第 10 环到第 18 环,下层坛自第 19 环至第 27 环。圜丘坛的四周为两层矮墙,内圆外方,也象征天圆地方,其四周各有一门。根据《周易》的"干卦四德"——元、亨、利、贞而命名,东门泰元门,南门昭亨门,西门广利门,北门成贞门。

图 6.4　天坛圜丘坛

皇穹宇位于圜丘坛正北,也叫"回音壁",是存放圜丘坛祭祀神牌的场所。建于明嘉靖九年(公元 1530 年),初为重檐圆形建筑,名"泰神殿",是圜丘坛的正殿。嘉靖十七年(公元 1538 年)改名为"皇穹宇"。清乾隆十七年(公元 1752 年)改建为单檐。殿基为圆形须弥座,屋顶为蓝色琉璃瓦。殿前有二龙戏珠的石浮雕,殿内由 8 根檐柱和 8 根金柱支托屋顶,上为弧形短梁,柱顶端为鎏金拱托金龙藻井,其中绘大团金龙,周围绘 360 条金龙,象征天为 360 度。殿内正面为汉白玉雕花圆石座,用于安放神龛,是供奉天帝牌位的地方,东西两侧是供奉皇帝祖先牌位的 8 个方形石台。殿外的东西配殿为从祀日月星辰和云雨风雷诸神牌位的供奉之所。

祈谷坛在北部,是祈求丰收的地方。四周为方形墙,四面各有券门 1 座,南门内有 1 座 5 间大宫门,即祈年门,院内有配殿 18 间。

祈年殿(见图 6.5)在祈谷坛北面,建于明永乐十八年(公元 1420 年),初名"大祈殿",原为矩形大殿,用于合祀天、地,嘉靖二十四年(公元 1545 年)改为三重顶,殿顶从上而下覆盖青、黄、绿三色琉璃,寓意天、地、万物。清乾隆十六年(公元 1751 年)改为统一的蓝瓦和金顶,定名祈年殿,是孟春(正月)祈谷的专用建筑。殿高 9 丈 9 尺,表天数,殿顶周长 30 丈,表示一个月 30 天,大殿里面 4 根龙井柱表示一年四季,中间 12 根楹柱,表示 12 个月,外 12 根楹柱表示一天中 12 时辰,中外楹柱之和表示农历中二十四节气。

图 6.5　天坛祈年殿

斋宫在西天门内,是皇帝祭天前沐浴斋戒的地方。斋宫外围有两重"御沟",四周以回廊环绕。正殿月台上有斋戒铜人亭和时辰牌位亭,东北角建有钟楼。

皇乾殿为庑殿式大殿,祈年殿东门外有72间走廊,又称72连枋,长廊中部偏北有5间用于存放祭祀用品的神库,神库西为神厨。

天坛以严谨的规划布局,奇特的建筑结构,瑰丽的建筑装饰著称于世,不仅在中国建筑史上占有重要位置,也是世界建筑艺术的珍贵遗产。

五、布达拉宫

布达拉宫(见图6.6)位于西藏拉萨市西北的玛布日山上,是当今世界上最高宫殿式建筑群。宫殿依山垒砌,群楼重叠,殿宇嵯峨,气势雄伟。红、白、黄三种色彩的鲜明对比,分部合筑、层层套接的建筑形体,都体现了藏族古建筑迷人的特色。布达拉宫是著名的宫堡式建筑群,藏式建筑的杰出代表。

图6.6　布达拉宫

布达拉宫始建于公元7世纪,是藏王松赞干布为迎娶远嫁西藏的唐朝文成公主而建。后代累有修建,到现在,占地总面积360 000余平方米。布达拉宫分为红宫和白宫两大部分。中央是红宫,主要用于供奉佛神和进行宗教活动,红宫是安放前世达赖遗体的灵塔;两旁的是白宫,是达赖喇嘛生活起居和进行政治活动的主要场所。

布达拉宫主楼高117米,共13层,东西长370余米。山下附属建筑有雪老城、龙王潭等。东庭院是白宫正门前面平坦广阔的平台,其西面为白宫主楼,东面为僧官学校,南北面为住房。东面寂圆满大殿是白宫主殿,面积为717平方米,原达赖喇嘛坐床等重要庆典均在此举行。还有西日光殿、东日光殿、弥勒佛殿、金顶区、坛城殿等。

西面寂圆满大殿是布达拉宫中最大的殿堂,面积达725平方米。还有菩提道次第殿、持明殿、五世达赖喇嘛灵塔殿、世袭殿等。

宫殿的设计和建造根据高原地区阳光照射的规律,墙基宽而坚固,墙基下面有四通八达的地道和通风口。屋内有柱、斗拱、雀替、梁、椽木等,组成撑架。铺地和盖屋顶用的是叫"阿尔嘎"的硬土,各大厅和寝室的顶部都有天窗,便于采光和空气流通。宫内的梁柱上有各种雕刻,墙上壁画面积有2500多平方米。

宫内珍藏大量佛塔、佛像、唐卡、壁画、藏经册印、金册、玉册、金印,以及金银器、玉器、瓷器、珐琅等工艺珍品,具有很高的学术和艺术价值,是西藏最宝贵的宗教和文化宝库。

六、明长城

明长城在明代称为"边墙"。明朝灭元后,逃回蒙古的贵族,仍然不断南下骚扰掠夺。后来在东北又有女真族的兴起,为了防御蒙古、女真等游牧民族的扰掠,明朝在200多年中,在秦、北魏、北齐、隋长城的旧址上,先后加修和增修了长城。明洪武二年(公元1369年),就修筑了从山海关到居庸关的长城(见图6.7)。明成祖时期,修筑了宣化一带的长城。辽东长城分别修筑于永乐、正统、成化年间。永乐时筑北镇至开原辽河流域长城;正统七年(公元1442年),筑山海关至北镇辽西长城;成化十五年(公元1479年),筑开原至鸭绿江辽东长城。15世纪后半期,鞑靼占有河套以后,明政府又大规模地修筑长城。成化十年(公元1474年),延绥巡抚余子俊率领将士4万人,"依山形,随地势,或铲削,或垒筑,或挑堑",修筑了东起陕西府谷清水营,西至宁夏盐池花马池的长城。15世纪70年代,明朝军民又修筑了花马池以西到黄河的长城和山西北部的一段长城。16世纪初,修筑了甘肃境内黄河沿岸的一段和嘉峪关及其附近的长城。16世纪中期,修筑了山西、河北境内的内外两条长城和沿太行山南下的内三关长城,又加修了一道山海关到居庸关的长城。此外,小规模的修筑一直没有停止过。

图6.7 明长城

这样,明长城东起鸭绿江,西至嘉峪关,横贯甘肃、宁夏、陕西、山西、内蒙古、河北、北京、天津、辽宁等省、市、自治区,全长12 700多里,故又名万里长城。明长城不仅工程浩大,在工程材料和修筑技术上也都有很多的改进。或用砖、石砌筑,或用砖石混合砌筑。墙身表面用条石或砖块砌筑,用白灰浆填缝,墙上两边设有垛口。

明王朝为便于对长城全线的防务和长城本身的修筑,将全线长城分为九镇,委派总兵统辖。明长城的防御工事,分镇城(镇守或总兵驻地)、路城、卫所城、关城、堡城、城墙、墙台、敌台、烟墩(烽火台)等不同等级、不同形式和不同功能的建筑物,它们相互联系、相互配合,共同组成一个完整的防御工程体系。关城尤为重要,既可交通,又可防守。如北京的北面居庸关、山海关、雁门关一带修筑了好几重城墙。

长城是中华民族的骄傲与象征,是人类建筑史上罕见的古代军事防御工程。

第二节　宗教建筑

一、广胜寺

广胜寺位于山西洪洞县城东北的霍山南麓,建于东汉建和元年(公元147年),初名"俱卢舍寺"。唐大历四年(公元769年),汾阳郡王郭子仪奏请重修,并改名为广胜寺。元大德七年(公元1303年)在地震中毁坏,随后重建。经明清各代修葺,才成为较完整的佛教寺院群。寺包括上寺、下寺及龙王庙三部分。

上寺位于山顶,主要建筑有山门、弥陀殿、大雄宝殿、毗卢殿、观音殿、地藏殿、厢房、廊庑以及飞虹塔,均为明代建筑而具元代风格。相传金代刻板大藏经(俗称"赵城藏")4000卷藏于此,是研究我国印刷史的珍贵资料,并具有学术价值。寺内飞虹塔(见图6.8)始建于明正德年间,嘉靖六年(公元1527年)重修,为我国琉璃塔中的代表作。塔平面八角形,13级,高47米,外贴七色琉璃,塔身五彩缤纷犹如雨后飞虹,故名之飞虹塔。

下寺位于山麓,主要建筑有山门、前殿和后殿。后殿 7 间单檐,悬山式,建于元至大二年(公元 1309 年)。

二、北京妙应寺白塔

白塔原是元大都圣寿万安寺中的佛塔。白塔(见图 6.9)用砖石砌成,外抹白灰,总高约 51 米。为藏式佛塔,由尼泊尔人阿尼哥设计建造。他还造了五台山塔院寺白塔。塔的外观由塔基、塔身、相轮、伞盖、宝瓶等组成。塔基平面呈正方四边再外凸的形状,由上下两层须弥座相叠而成,塔基上有莲瓣承托着向下略收的塔身,再上为十三重相轮,称"十三天",象征佛教十三重天界。明重建庙宇,改称妙应寺。

图 6.8　洪洞县飞虹塔

图 6.9　白塔

三、北京居庸关过街塔

居庸关的过街塔是现存时代最早、规模最大的一座过街塔。元顺帝命令大丞相阿鲁图、左丞相别儿怯不花修建(公元 1342—1345 年)。过街塔,就是修建在街道中的佛塔。行人由塔下经过,就算礼佛一次。过街塔和塔门都是从元代开始修建的,所以它们的塔形都是覆钵式的。

四、永乐宫

山西芮城永乐宫是元代修建的道教建筑,原名"大纯阳万寿宫",因原建在山西芮城永乐镇,被称为永乐宫。

永乐宫内建筑规模宏伟,占地总面积 8.6 万平方米。除山门外,中轴线上还排列着龙虎殿、三清殿(见图 6.10)、纯阳殿、重阳殿等。东西两面不设配殿,在建筑结构上,吸收了宋代营造法式和辽、金时期的减柱法,形成了自己特有的风格。

龙虎殿原为宫门,称无极门,面宽 5 间,深 6 椽,中柱 3 间。安门,沿袭宋金"草袱"的规制,殿内壁画绘有神茶、郁垒、城隍、土地诸神像。三清殿,又称无极殿,是供太清、玉清、上清元始天尊的神堂,为永乐宫的主殿。台基高大,殿内藻井盘龙雕刻,殿内四壁壁画由洛阳马君祥等人于公元 1325 年绘制。纯阳殿,为奉祀中国古代道教"八仙"之一的吕洞宾而建。殿内壁画绘制了吕洞宾的神话连环画故事。重阳殿,是为供奉道教全真派首领王重阳及其弟子"七真人"的殿宇。殿内采用连环画形式描述了王重阳从降生到得道度化"七真人"成道的故事。

图 6.10　永乐宫三清殿

　　永乐宫壁画,满布在四座大殿内。这些绘制精美的壁画总面积达 960 平方米,题材丰富,画技高超,它继承了唐、宋以来优秀的绘画技法,又融汇了元代的绘画特点。

五、武当山道教宫观

　　武当山位于湖北省丹江口市西南,是我国著名的道教圣地。相传道教信奉的真武大帝即在此修仙得道飞升。武当意为"非真武不足当之"。规模宏伟的道教宫观为多朝所建。如唐代李世民于贞观年间(公元 627—649 年),在此敕建了五龙祠。宋元时又陆续有建置,山上现存的大量古建筑多为明代所建。据记载,当年朱棣修武当,共动用了 30 万名工匠,历时 12 年,修成宫观 8000 余间。后来,不断扩建,武当的道教建筑达到了 20 000 间之多。现保存了玉虚宫、紫霄宫、遇真宫、太和宫、金殿(见图 6.11)等多处。武当山建筑是根据真武大帝修仙神话来安排布点的,并且按照政权和神权相结合的意图营建,体现皇权和道教所需要的"庄严""威武""玄妙""神奇"的氛围。在设计上充分利用了地形特点,布局巧妙,各具特点又互相呼应。从山脚到山巅天柱峰金殿,用一色青石铺成一条 70 千米长的"神道",沿神道两旁修建了 8 宫、2 观、36 庵堂、72 岩庙、39 桥梁、12 亭台等庞大的建筑群。

图 6.11　武当山金殿

六、西安化觉寺清真寺

　　西安化觉寺清真寺,始建于明洪武二十五年(公元 1392 年)。由于回教徒礼拜时须面向麦加圣地,所以中国清真寺采用东西方向的轴线,而大门位于东端。该寺平面在东西轴线上对称地布置各种建筑,与汉族建筑的布局方式并无差别。清真寺应由礼拜殿、唤醒楼、浴室、教长室及经文教室等所组成。礼拜殿分为前廊、大殿及后殿三部分,其平面基本脱胎于中亚礼拜殿。

维吾尔族伊斯兰教建筑包括三种类型,即礼拜寺、教经堂、教长陵墓。大型的教长陵墓包括礼拜寺和教经堂在内。

七、艾提尕尔清真寺

艾提尕尔清真寺是中国伊斯兰教著名的清真寺,是中国最大的伊斯兰教宗教建筑。它坐落于新疆喀什市解放北路,建于明正统年间(公元 1436—1449 年),该寺占地面积 1.68 万平方米,坐西朝东,位于市中心广场。公元 1538 年,吾布力·阿迪拜克为了纪念他已故的叔父,又将寺院扩建,改为聚礼用的大寺。后多次进行修建、扩建,重新规划全寺布局,形成今天的规模和气势。艾提尕尔清真寺(见图 6.12)是新疆最有代表性的伊斯兰风格建筑。全寺布局合理,工艺精细。该寺门楼由黄砖砌成,风格古朴厚重,同当地自然环境和谐地融为一体。建筑采用雕刻、镶嵌、彩绘等多种技法,使建筑整体显得既古朴又典雅,充分显示出维吾尔族人高超的建筑艺术,是中国伊斯兰建筑的典范。

图 6.12　艾提尕尔清真寺

第三节　园林

明、清时期,造园的理论与实践有了重要的发展,出现了明末吴江人计成所著的《园冶》一书,这一著作是明代江南一带造园艺术的总结。该书比较系统地论述了园林中的空间处理、叠山理水、园林建筑设计、树木花草的配置等许多具体的艺术手法。书中所提"因地制宜""虽由人作,宛自天开"等主张和造园手法,为我国的造园艺术提供了理论基础。在实践方面,全国出现了大量的皇家园林和私家园林。明、清的园林艺术水平比以前有了提高,文学艺术成了园林艺术的组成部分,所建之园处处有画景,处处有画意。

一、明清皇家园林

明清时期是我国园林建筑艺术的集大成时期,此时期规模宏大的皇家园林多与离宫相结合,建于郊外,少数设在城内。其总体布局是在自然山水的基础上进行人工改造。

（一）承德避暑山庄

承德避暑山庄是我国古典皇家园林的代表。避暑山庄(见图 6.13)又名承德离宫或热河行宫,位于河北省承德市武烈河西岸一带狭长的谷地上,是清代皇帝夏天避暑和处理政务的场所。它始建于 1703 年,耗时约 90 年。避暑山庄以朴素淡雅的山村野趣为格调,取自然山水之本色,吸收江南塞北之风光,成为中国现存占地最大的古代帝王宫苑。

图 6.13　承德避暑山庄局部

避暑山庄分宫殿区、湖泊区、平原区、山峦区四大部分。宫殿区位于湖泊南岸,地形平坦,是皇帝处理朝政、举行庆典和生活起居的地方,占地 10 万平方米,由正宫、松鹤斋、万壑松风和东宫四组建筑组成。湖泊区在宫殿区的北面,湖泊面积包括州岛约 43 公顷,有 8 个小岛屿,将湖面分割成大小不同的区域。平原区在湖泊区北面的山脚下,茫茫草原风光。山峦区在山庄的西北部,面积约占全园的五分之四,这里山峦起伏,沟壑纵横,众多楼堂殿阁、寺庙点缀其间。整个山庄东南多水,西北多山。

山庄整体布局巧用地形,因山就势,分区明确,景色丰富,与其他园林相比,有其独特的风格。山庄宫殿区布局严谨,建筑朴素,苑景区自然野趣,宫殿与天然景观和谐地融为一体,达到了回归自然的境界。

避暑山庄之外,半环于山庄的是雄伟的寺庙群,如众星捧月,环绕山庄。它象征民族团结和中央集权。

（二）圆明园

圆明园是我国园林发展到清代时期,中外园林结合的典范,占地 2500 亩(1 亩 = 666.7 平方米),有 48 景,每一景由亭、台、楼、阁、殿、廊、榭、馆等组成。圆明园大致可分为五个重要的景区。一区为宫区,有朝理政务的正大光明殿等。二区为后湖区。三区有西峰秀色、问乐园、坐石临流等,其中有一景叫舍己城,城中置佛殿,城前还有买卖街,仿苏州街道建成,是皇帝后妃们买东西的地方。福海则为第四区,中心为蓬岛瑶台,福海周围建有湖山在望、一碧万顷、南屏晚钟、别有洞天、平湖秋月等景点共十多处。第五区有关帝庙、清旷楼、紫碧山房等。

明清宫苑,特别是清朝的园林,除继承了历代苑园的特点外,还具有多功能的特点。

（三）颐和园

颐和园在北京城西北郊约 10 千米处,原名清漪园,1888 年,光绪把英法联军焚毁的清漪园修复后,改称颐和园,占地 2.9 平方千米。

颐和园是在金、元、明三朝经营的基础上,集合南北私家园林的精华,经几代皇帝共同营建完成的。乾隆模仿汉武帝在长安挖掘昆明湖操练水军,而拓宽湖面,将瓮山泊改名为昆明湖。乾隆为庆贺母亲的六十大寿,毁掉了建于元朝的圆静寺,改建了大报恩延寿寺。为了表示祝贺之意,乾隆将瓮山改名为万寿山。

大体来说,颐和园里的风景区可以分为八大处和六小处,所谓八大处指的是仁寿殿、谐趣园、德和园、排云殿、石丈亭、南湖、玉澜堂、乐寿堂。六小处则是指养云轩、延清赏楼、画中游、智慧海、景福阁、听鹂馆。

连接南湖岛的是十七孔桥,建造于乾隆年间,长 150 米,宽 8 米,造型优美,犹如一条长虹架于昆明湖上,曲线圆润,富有动态感。岛上有一龙王庙和其他几座亭台楼阁,其中北面的涵虚堂为岛上的主体建筑。

在湖畔挺立的大铜牛为昆明湖水患的镇物。

十七孔桥南面有一座造型雅致的八角廊如亭(见图 6.14),它是我国现存古建筑中最大的亭子,亭子的造型特殊,形式雄浑凝重,色泽古雅迷人。内外一共有 24 根圆柱和 16 根方柱。

图 6.14　颐和园十七孔桥和八角亭

文昌阁在昆明湖东堤岸边,是颐和园中仅有的四座城关之一,也是颐和园的园门之一。

西堤是仿杭州西湖苏堤修建的,长 2600 米,西堤上自北到南分别是界湖桥、幽风桥、玉带桥、镜桥、练桥、柳桥,犹如走入江南名园的感觉。堤上有桥,桥上有亭,亭中有景。这不仅增加了水面层次,也美化了水面风景。

位于万寿山西侧、长廊西段外的清宴舫(见图 6.15),全由石头砌成,故称石舫,又叫不系舟,它由江南画舫变化而来,前身是圆静寺的放生台。

图 6.15　颐和园清宴舫

在颐和园后西湖的南北两岸,有一条 270 米长,仿苏州临河街道建造的苏州街。

颐和园的东北角有一座谐趣园,仿江南园林修建,有园中园的美称。

出了谐趣园向南巡,"紫气东来"城关是从万寿山进入后山的关口,砖砌的城楼,雄置于两峰之间。

从东宫门进入颐和园,就是以仁寿门为主的朝房区了,这里是清朝皇帝在颐和园内的主要政治活动区域。有光绪的寝宫玉澜堂,慈禧的寝宫乐寿堂,乾隆举行诗文酒会的德和园。

佛香阁坐落在万寿山前山山腰20米高的石台上,依山而建,气势磅礴,结构复杂。外形为八角形的佛香阁是四层式的楼阁建筑,总高度达41米,是全园的中心建筑。它把三山五园巧妙连成一体。佛香阁两侧建有敷华、撷秀两座石亭。宝云阁坐落于佛香阁西面的山坡上,又称铜亭,青色铜亭高7.551米,重达210吨,为古建筑中的艺术珍品。与铜亭遥相对望的一座宗教性的建筑——转轮藏,其中供着福、禄、寿三星。

一座无梁佛殿智慧海更挺立于万寿山巅。这座殿的五个开间两层楼全是用五色琉璃砖瓦装饰,墙上嵌满了琉璃佛像。在佛殿的前方,建有一座名为"众香界"的琉璃牌坊。

排云殿位于万寿山前的中路,是颐和园里最壮观的建筑群。排云殿依山面水,坐北朝南,又位于万寿山这条纵向的轴线上。排云殿在颐和园中的地位,就如同太和殿之于故宫一般。

景福阁在万寿山东边的山顶,建筑成多边形,形状特殊,歇山式屋顶,角宇下垂尖翘,阁旁四周满列湖石,呈现造景工匠艺术。

在中国的园林中,长廊是一种重要的建筑形式,一般依附于其他的建筑物。颐和园长廊(见图6.16)是中国园林建筑中长度最长的廊,东起邀月门,西到石丈亭,全长728米,共有273间,其柱、梁、顶等都绘满彩画。长廊如同一条彩带把颐和园园内的山水景物巧妙结合成结构紧密的整体。

图6.16　颐和园长廊局部

在万寿山的后山,有一座宫殿式建筑的庙宇,称为四大部洲,是仿造西藏寺庙形式而建成的。其间设有四大部洲、八小部洲、十八座幡塔。另有日光台和月光台。

颐和园的总体布置继承了中国造园的传统手法,它是以山水风景为主的山水宫苑,辽阔的湖与巍峨的山是平面和立面的对比,是动和静的对比,成为对比的湖和山又互相借鉴,而呈现了湖光山色的多种形态。

二、明清江南园林

明清时期的士大夫们为了满足家居生活的需要,还在城市中大量建造以山水为骨干、饶有山林之趣的宅园,以作日常聚会、宴客、居住等之用。其中,尤以江南园林最为著名。

江南园林多建在城市之中或近郊,与住宅相连。追求空间艺术的变化,风格素雅精巧,有平中求趣、拙间取华的意境,满足欣赏的要求。园林多是因阜掇山,因洼疏地,亭、台、楼、阁众多,植以树木花草的"城市山林"。

江南园林有如下特点。

叠石理水。江南水乡,以水景擅长,水石相映,构成园林主景。各种奇石玲珑多姿。如上海豫园玉玲珑、杭州植物园绉云峰、苏州瑞云峰(见图 6.17)等。也有叠石为山。除用太湖石外,并用黄石等。明清两代,留存颇多,如扬州片石山房假山、苏州环秀山庄假山、常熟燕园黄石湖石假山等。古人用"透""瘦""皱""漏"来品评石的美。"透",是玲珑多孔穴,光线能透过,使得外形轮廓丰富多彩;"瘦"即石峰秀丽,棱骨分明;"皱"即石峰外形起伏不平,明暗变化富有节奏感;"漏"即石峰上下左右有路可通。

图 6.17　苏州瑞云峰

水是我国古典园林中重要的要素。早在周文王所建灵囿中就有一片神奇的水面,名为"灵沼",《诗经·大雅》中赞美道:"王在灵沼,于牣鱼跃。"从那时起,水就成为园林的主要内容。水无形无色,却能反映出形形色色的景物。《庄子》中说:"正则静,静则明,明则虚,虚则无为而无不为也。"水的无形无色正是"虚"的象征。特别是静水,是虚无的化身,然而其周边的建筑、山石、花草、树木,乃至其上方的天空都含映在其中。水使人感到既澄澈清明又含蓄深沉。这也是我国古典园林多以水池为中心来建造的原因之一。在园林中,景物的倒影、水中的鱼虾、水面的莲花和鸟禽等更能增加动态之境,可使人的视线无限延伸。水丰富了园林景观,加深了园林意境,真正做到了"无为而无不为"。水惠及万物,却能谦和处下。老子曰:"上善若水,水善利万物而不争"。水恩泽万物,却甘愿处下,从不彰显自己。古人认为这是水之"德"。在古典园林中,为突出建筑的地位,常有许多建筑(如亭、廊、阁、榭)临水而建,水好像是从建筑下方流出。《园冶》中说,"疏水若为无尽,断处通桥",讲的是一种理水手法,这种理水手法可以增加景深和空间层次,使有限的水面平添幽深之感。园林中之水还贵在活,以流水潺潺的自然泉水为上,清澈不腐。

花木种类众多,布局有法。江南园林以自然为宗。其安排原则大体如下:立高大乔木以荫蔽烈日,植古朴或秀丽树形树姿(如虬松、柔柳)以供欣赏,再辅以花、果、叶的颜色和香味(如丹桂、红枫、金橘、蜡梅、秋菊等)。江南多竹,品类亦繁,终年翠绿,为园林衬色,或多植蔓草、藤萝,以增加山林野趣。也有赏其声音的,如雨中荷叶、芭蕉,枝头鸟语、蝉鸣等。

建筑风格淡雅、朴素。江南园林沿文人画辙,淡雅相尚,布局自由,建筑朴素,厅堂随意安排,结构不拘定式,亭榭廊槛婉转其间,一反宫殿、庙堂、住宅中轴对称之拘泥等,以清新洒脱见长。这种文人园林风格,后来为衙署、寺庙、会馆、书院所附庭园,乃至皇家苑囿所取法。

(一) 拙政园

明清时期,以文人园林为代表的私家园林得到了极大的发展,特别是在商业较为发达的江南地区,私家园林的建设更是达到了空前的高度,代表了中国古代造园艺术的最高水平。这些官僚富商文人墨客们建造的数不胜数的"城市山林",不仅将他们所在的城市变成一座座闻名遐迩的花园城市,同时也在很大程度上推动了清代那些伟大的皇家园林的建设。

与皇家园林动辄就是几百公顷的占地相比,私家园林占地十分有限,大的不过数十亩,小的甚至只有一亩半亩。在这样小的空间要营造出可游可居变幻万千的山水美景,确实需要独特的艺术构思和很高的艺术修养。

位于江苏苏州的拙政园就是一个最能体现文人造园思想和艺术境界的典范。拙政园是苏州四大名园之一,该园是明代因官场失意而告老还乡的御史王献臣于 1509 年所建,用晋代潘岳《闲居赋》中"拙者之为政"句意为园名,实有一种无可奈何的自嘲意味。之后,该园园主几经更替,后几经修复扩建,现占地约 62 亩,分为东、中、西三部分,最终成为一代名园。

东园,曾长期废置,西园、中园也分属二主,新中国成立后才重新修复东园并使三园合一,因此,我们现在所见的东园景物大多为新建。

中园,全园精华所在,面积约18.5亩,其中水面占三分之一。水面有分有聚,临水建有楼台亭榭。主厅为远香堂,四面长窗通透;厅北有临池平台;南侧为小潭、曲桥和黄石假山;西循曲廊,接小沧浪廊桥和水院;东经圆洞门入枇杷园,园中以轩廊小院数区自成天地,外绕波形云墙和复廊,内植枇杷、海棠、芭蕉、木樨、竹等花木,建筑处理和庭院布置都很雅致精巧。中园北部池中列岛山两座。石岸间杂植芦苇、菖蒲。山巅各建小亭,周旁遍植竹木。西北有见山楼,四面环水,有桥廊可通。登楼可远眺虎丘,借景于园外。水南面置旱船,前悬文徵明题"香洲"匾额,登后楼亦可高瞻远望,水东有梧竹幽居亭。池水曲折流向西南,附近有玉兰堂。由此循西廊北上,至半亭"别有洞天"。园内原为一低洼积水之地,设计者因地制宜,巧妙地利用地形,对洼地稍加浚治成池,池中垒土形成两岛,并以池水为中心,结合山石、树林、建筑,乃至风、花、雪、月,形成一系列开合变幻、互为因借的山水风光。

西园,面积约12.5亩,有曲折水面和中园大池相接。建筑以南侧的鸳鸯厅为最大,方形平面带四耳室,厅内以隔扇和挂落划分为南北两部,南部称"十八曼陀罗花馆",北部名"三十六鸳鸯馆",夏日可观北池中的荷蕖水禽,冬季则可欣赏南院的假山、茶花。池北有扇面亭(见图6.18),造型小巧玲珑。北山建有八角两层的浮翠阁,亦为园中的制高点。东北为倒影楼,同东南隅的"宜两亭"互为对景。

图6.18　扇面亭

(二) 留园

留园位于苏州阊门外,原是明嘉靖年间太仆寺卿徐泰时的东园。园内假山为叠石名家周秉忠(时臣)所作。清嘉庆年间,刘恕以故园改筑,名寒碧山庄,又称刘园。同治年间盛旭人[其儿子即盛宣怀,清著名实业家、政治家,北洋大学(现天津大学)、南洋公学(现上海交通大学)创始人]购得,重加扩建,修葺一新,取"刘"的谐音,始称留园。科举考试的最后一个状元俞樾作《留园游记》称其为吴下名园之冠。留园内建筑的数量在苏州诸园中居冠,厅堂、走廊、粉墙、洞门等建筑与假山、水池、花木等组合成数十个大小不等的庭园小品。其在空间上的突出处理,充分体现了古代造园家的高超技艺、卓越智慧及江南园林建筑的艺术风格和特色。

明徐泰时创建时,留园平淡疏朗,简洁而富有山林之趣。至清代刘氏时,建筑虽增多,仍不失深邃曲折幽静之趣,布局和现在大体相似,部分地方还保留了明代园林的气息。到盛氏时,一经修建,园显得富丽堂皇,昔时园中深邃的气氛则消失殆尽。全园曲廊贯穿,依势曲折,通幽渡壑,长达六七百米,廊壁嵌有历代著名书法石刻300多方,其中有名的是《二王帖》,为明代嘉靖年间吴江松陵人董汉策所刻,历时25年,至万历十三年方始刻成。曾经有一个美国组织欲用 20 亿美元购下留园，苏州市政府却坚持没有出售。留园占地 30 余亩，集住宅、祠堂、家庵、园林于一身，该园综合了江南造园艺术，并以建筑结构见长，善于运用大小、曲直、明暗、高低、收放等文化，吸取四周景色，形成一组组层次丰富，错落相连的，有节奏、有色彩、有对比的空间体系。全园用建筑来划分空间，可分中、东、西、北四个景区：中部以山水见长，池水明洁清幽，峰峦环抱，古木参天；东部以建筑为主，重檐迭楼，曲院回廊，疏密相宜，奇峰秀石，引人入胜；西部环境僻静，富有山林野趣；北部竹篱小屋，颇有乡村田园风味。留园的建筑，不但数量多，分布也较为密集，其布局之合理，空间处理之巧妙，皆为诸园所莫及。每一个建筑物在其景区都有着自己鲜明的个性，从全局来看，没有丝毫零乱之感，给人一个连续、整体的概念。留园整体讲究亭台轩榭的布局，讲究假山池沼的配合，讲究花草树木的映衬，讲究近景远景的层叠，使游览者无论站在哪个点上，眼前总是一幅完美的图画。园内亭馆楼榭高低参差，曲廊蜿蜒相续有 700 米之长，颇有步移景换之妙。建筑物约占园总面积的四分之一。建筑结构式样代表清代风格，在不大的范围内造就了众多各有特性的建筑，处处显示了咫尺山林、小中见大的造园艺术手法。

留园以其独创一格、收放自然的精湛建筑艺术而享有盛名。层层相属的建筑群组，变化无穷的建筑空间，藏露互引，疏密有致，虚实相间，旷奥自如，令人叹为观止。主题不同、景观各异的东、中、西、北四个景区以墙相隔，以廊贯通，又以空窗、漏窗、洞门使两边景色相互渗透，隔而不绝。园内有蜿蜒高下的长廊 670 余米，漏窗 200 余孔。一进大门，留园的建筑艺术处理就不同凡响：狭窄的入口内，两道高墙之间是长达 50 余米的曲折走道，造园家充分运用了空间大小、方向、明暗的变化，将这条单调的通道处理得意趣无穷。过道尽头是迷离掩映的漏窗、洞门，中部景区的湖光山色若隐若现。绕过门窗，眼前景色才一览无余，达到了欲扬先抑的艺术效果。留园内的通道，通过环环相扣的空间造成层层加深的气氛，游人看到的是回廊复折、小院深深，是接连不断错落变化的建筑组合。园内精美宏丽的厅堂，则与安静闲适的书斋、丰富多样的庭院、幽僻小巧的天井、高高下下的凉台燠馆、迤逦相属的风亭月榭巧妙地组成有韵律的整体，使园内每个部分、每个角落无不受到建筑美的光辉辐射。

留园建筑艺术的另一重要特点，是它的内外空间关系格外密切，并根据不同意境采取多种结合手法。建筑面对山池时，欲得湖山真意，取消了面湖的整片墙面；建筑各方面对着不同的露天空间时，就以室内窗框为画框，室外空间作为立体画幅引入室内。室内外的空间既可以建筑包围庭院，也可以庭院包围建筑；既可以用小小天井取得装饰效果，也可以室内外空间融为一体。千姿百态、赏心悦目的园林景观，呈现出诗情画意的无穷境界。

（三）环秀山庄

环秀山庄位于苏州城中景德路 262 号，今苏州刺绣博物馆内。此园本是五代吴越钱氏金谷园旧址，明、清时期成为私家园林。现占地面积 2179 平方米，其中建筑面积 754 平方米。园景以山为主，池水辅之，建筑不多。园虽小，却极有气势。园内湖石假山为中国之最，占地仅半亩，而峭壁、峰峦、洞壑、涧谷、平台、磴道等山中之物，应有尽有，极富变化。池东主山，池北次山，气势连绵，浑成一片，恰似山脉贯通，突然断为悬崖。而于磴道与涧流相会处，仰望是一线青天，俯瞰有几曲清流，壮哉美哉，恰如置身于万山之中。全山处理细致，贴近自然，一石一缝，交代妥帖，可远观亦可近赏，无怪有"别开生面、独步江南"之誉。环秀山庄是以假山为主的一处古典园林，可以称得上是山景园的代表作。此园本来地盘不大，园外无景色可借，造景颇难，但因布局设计巧妙得宜，湖山、池水、树木、建筑，得以融为一体；而于假山一座、池水一湾，更是独出心裁，另辟蹊径，两者配合，佳景层出不穷。望全园，山重水复，峥嵘雄厅；入其境，移步换景，变化多端。

其中，假山和房屋面积约占全园四分之三，水面占四分之一，园西北部为精巧的石壁，北部是临水的补秋山房，东北部为半潭秋水一房山。园中另叠有一座假山，存留至今，为清乾隆时叠山名家戈裕良所建，其主峰突兀于东南，次峰拱揖于西北，池水缭绕于两山之间，使人有在一马平川之内，忽地一峰突起，耸峙于原野之上的感觉。其湖石大部分有涡洞，少数有皴纹，杂以小洞，和自然真山接近。主山分前后两部分，其间有幽谷，荫山全用叠石构成，外形峭壁峰峦，内构为洞，后山临池水部分为湖石石壁，与前山之间留有仅 1 米左右的距离，构成洞谷,谷高5米左右。主峰高7.2米,洞谷约12米,山径长60余米,盘旋上下,所见皆危岩峭壁,峡谷栈道,石室飞梁,溪涧洞穴,如高路入云,气象万千。戈氏叠山运用大斧劈法,简练遒劲,结构严谨,错落有致,浑然天成。建成后的假山能逼真地模拟自然山水,在一亩左右的有限空间,山体仅占半亩,然而咫尺之间,却构出了谷溪、石梁、悬崖、绝壁、洞室、幽径,建有补秋舫、问泉亭等园林建筑。千岩万壑,环山而视,步移景易。以质朴、自然、幽静的山水,来体现委婉含蓄的诗情,通过合理安排山石、树木、水体,体现深远与层次多变的画意。园林大师陈从周称:"环秀山庄假山允称上选,叠山之法具备。造园者不见此山,正如学诗者未见李杜"。

一山二峰,巍然矗立,其形给人以悬崖峭壁之感。其间植以花草树木,倍觉幽深自然。山脚止于池边,犹如高山山麓断谷截溪,气势雄奇峭拔。构置于西南部的主山峰,有几个低峰衬托,左右峡谷架以石梁。站在石梁上,仰则青天一线,俯则清流几曲,形成活泼生动的园林艺术空间效果。池在园之西、南,盘曲如带,又有水谷两道深入南、北假山中,蜿蜒深邃,益增变化。水上架曲桥飞梁,作为交通。北面之补秋舫,前临山池,后依小院,附近浓荫蔽日,峰石嵯峨,是为园中幽静所在。环秀山庄凿池引水,富有情趣,使得山有脉,水有源,山分水,又以水分山,水绕山转,山因水活,咫尺园景富有生机。

环秀山庄被列为苏州名园主要是因其假山。此假山面积占全园三分之一,位置偏向园之东北方向,其尾部伸向东北方向。园的东侧围以高墙,石壁缘墙如云,与外界隔断,好比一个画框,高墙上端开有漏窗。西面是贯通南北的廊,一侧靠墙,一侧面向假山敞开着,略有凹凸收放。廊上起楼,高低错落。廊南有一座半亭,和四面厅成对景。全园空间紧凑,布局巧妙。构成一个封闭而宁静的小天地。今之假山是由清代叠山大师戈裕良所堆。他继承了清代著名山水画家石涛的"笔意",因而所叠假山既有远山之姿,又有层次分明的山势肌理。正面山形颇似苏州西郊的狮子山,主峰突起于前,次山相衬在后,雄奇峻峭,相互呼应。主山以东北方的平冈短阜作起势,呈连绵不断之状,使主山不仅有高耸感,又有奔腾跃动之势。至西南角,山形成崖峦,动势延续向外斜出,面临水池。山体以大块竖石为骨架,叠成垂直状石壁,收顶峰端,形成平地拔起的秀峰,峰姿倾劈有直插江边之势,好似画中之斧劈法。山脚与池水相接,岸脚上实下虚,宛如天然水窟,又似一个个泉水之源头,与雄健的山石相对照,生动自然。主山之前山与后山间有两条幽谷:一是从西北流向东南的山涧,一是东西方向的山谷。涧谷汇合于山之中央,呈丁字形,把主山分割成三部分,外观峰壑林立,内部洞穴空灵。前后山之间形成宽约1.5米、高约6米的涧谷。山虽有分隔,而气势仍趋一致,由东向西,山后的尾部似延伸不尽,被墙所截。据说,这是清代"处大山之麓,截溪断谷"之叠山手法。山涧之上,用平板石梁连接,前后左右互相衬托,有主、有宾、有层次、有深度。更由于山是实的,谷是虚的,因此又形成虚实对比。山上植花木,春开牡丹,夏有紫薇,秋有菊,冬有柏,使山石景观生机盎然。假山后面有小亭,依山临水,旁侧有小崖石潭,借"素湍绿潭,回清倒影"之意,故取名半潭秋水一房山。在亭中观山,岩崖若画。周围林木清荫,苍枝虬干,饶有野趣。出亭北,缘石级向下,山溪低流,峰石参差,有路通往园北的补秋舫。补秋舫南面临水,此建筑面阔三间,与池南的大厅遥相呼应。

(四)个园

个园坐落在扬州东关街。个园假山是国内现存假山作品中的精品,出于著名画家石涛之手。清嘉庆时,园归富商,重新修筑,广植修竹,竹叶形如"个"字,便取名个园。个园用品种繁多的假山石创作出四季假山。石笋参差,粉墙为纸,点出春景。运用"夏云多奇峰"的形象,叠出夏山百态的感觉。用黄石堆叠的秋山峻峭依云、气势非凡。从黄石山东峰而下,即为宣石(雪石)堆起来的冬景。雪山墙面开了四排圆洞,能制造出北风凛冽的景象。四季假山各具特色,表达出"春山淡冶而如笑,夏山苍翠而如滴,秋山明净而如妆,冬山惨淡而如睡"的诗情画意。

(五)杭州西湖

因湖在钱塘县城西,故称西湖,从北宋中期沿用至今。杭州西湖经过千百年来的经营,不断完善,成为全国著名的园林。

杭州西湖景区由自然山水、寺庙古塔等组合而成。有湖不广,平静如镜;山多不高,绵亘蜿蜒;湖山依傍,自然尺度协调。亭、台、廊、榭等建筑物以及掇山、理水,作为景区的点缀,其形体、姿态、色彩与妩媚、恬淡、宁静的西湖自然景观和宽阔的湖面融成一体,使人工美与自然美有机地结合起来,取得了明朗、宽广、自然天成的效果。

现在的湖区水面 5.5 平方千米,平均水深 1.5 米。湖上有孤山岛;苏堤、白堤把西湖分割为外湖、里湖、小南湖、岳湖和西里湖五个大小不等的水域;三潭印月、湖心亭、阮公墩三个小岛鼎立于外湖。西湖南、北、西三面峰峦环抱。

西湖有很多的古迹,如东汉的《三老讳字忌日碑》,五代至宋元的飞来峰摩崖石刻,烟霞洞的造像,文庙的石经,东晋时的灵隐古刹,北宋的六和塔、宝俶塔、雷峰塔,南宋的岳飞庙,清乾隆时珍藏《四库全书》的文澜阁(见图 6.19),清光绪时创立的研究金石篆刻的西泠印社等。

图 6.19　西湖文澜阁

西湖的自然景色四时不同。西湖十景,楼、台、亭、榭同湖光山色相互辉映。春天,"苏堤春晓","柳浪闻莺","花港观鱼",春花吐艳,此起彼伏;夏日,"曲院风荷",荷花映日,湖面新绿一片;秋季,三秋桂子,香飘云外;冬来,"断桥残雪",银装玉琢,放鹤亭畔,寒梅斗雪。清晨,"葛岭朝暾";薄暮,"雷峰夕照";黄昏,"南屏晚钟";夜晚,"三潭印月","平湖秋月"。

第四节　陵寝

明十三陵是明朝迁都北京后 13 位皇帝陵墓的总称,位于北京市西北约 44 千米处的昌平区天寿山南麓,陵区面积达 40 多平方千米。在长达 200 多年间依次建有长陵(成祖)、献陵(仁宗)、景陵(宣宗)、裕陵(英宗)、茂陵(宪宗)、泰陵(孝宗)、康陵(武宗)、永陵(世宗)、昭陵(穆宗)、定陵(神宗)、庆陵(光宗)、德陵(熹宗)、思陵(思宗),故称十三陵。陵内共葬有皇帝 13 人、皇后 23 人。陵区内还曾建有妃子墓七座、太监墓一座和行宫、苑囿、石牌坊、大宫门、碑楼、神道等附属建筑。十三陵是我国历代帝王陵寝建筑中保存完整、埋葬皇帝最多的古墓葬群。它的建筑雄伟,体系完整,历史悠久,具有极高的历史和文物价值。

明朝崇尚"事死如事生"的礼制。因此,这十三座皇帝的陵寝建筑比拟皇宫,在中国传统风水学说的指导下,十三陵从选址到规划设计,都十分注重陵寝建筑与山川、水流和植被的和谐统一,各陵都背山面水,处于左右护山的环抱之中,能显示皇帝陵寝肃穆庄严和恢宏的气势。

明十三陵体现了中国皇家陵寝建筑群的整体性。每一位皇帝的陵墓虽有各自的享殿、明楼、宝城,但陵区之内,长陵神道成为一条贯穿各陵的"总神道"。共用的石牌坊、石刻群,加上各陵尊卑有序的布葬方式,使陵区的建筑紧密相连,形成一个整体。各陵除面积大小、建筑繁简有异外,其建筑布局、规制等基本一样。平面均呈长方形,后面有圆形(或椭圆形)的宝城。

在十三陵神道的最南端,有明嘉靖十九年(公元 1540 年)建的石牌坊。石牌坊为汉白玉砌成,面阔五间,六柱十一楼,宽 28.86 米,坊高 14 米,是中国现存最大、最早的石坊建筑。

在大碑楼至龙凤门的神路两侧,有石像生二十四座(狮、獬豸、骆驼、象、麒麟、马各四,均二卧二立),石人十二座(武臣、文臣、勋臣各四),为明宣德十年(公元 1435 年)整修长陵、献陵时雕造。

在十三陵石像群以北的神路上,有一座汉白玉的棂星门,又称龙凤门。三门并排,结构奇特。三门额枋中央,都有一颗石琢火珠,故又称火焰牌坊。

一、长陵

长陵建在天寿山主峰下,是明成祖朱棣及其皇后徐氏的陵寝,为十三陵中最早和最大的一座,完成于永乐十一年(公元 1413 年)。整个陵园用围墙环绕,分为三个院落,包括陵门、神库、神厨、碑亭、祾恩门、祾恩殿、棂星门、宝城、明楼等(现部分建筑已不存)。宝城砖砌,圆形,直径约 340 米,周长 1000 多米,上有垛口,形似城堡,内为高大的封土,下面就是地宫。宝城南面中央有门,可上明楼(见图 6.20)。楼呈方形,四面辟券门,中贯十字形穹隆式天花,顶为重檐歇山式。祾恩殿最为壮观,垂檐庑殿顶,全殿由 60 根金丝楠木巨柱支承。除陵园本身外,还有东西两坟,分别埋葬 16 个为朱棣殉葬的宫妃。

图 6.20　长陵明楼

二、定陵

定陵是明神宗万历皇帝朱翊钧和他两个皇后的陵寝。万历十二年(公元 1584 年)动工,历时 6 年。1956 年 5 月进行发掘,出土大量珍贵文物,揭开了地下宫殿之谜,为研究明代历史提供了宝贵的实物资料。定陵地宫总面积 1195 平方米,全部为拱券式石结构,由前、中、后、左、右五个高大宽敞的殿堂连成。前、中殿为长方形甬道,后殿横在顶端。前、中、后三殿之间各有道石券门,其檐、椽、枋、脊、吻兽均为汉白玉雕成,檐下有空白石榜。

券门下是两扇洁白的汉白玉门。前、中殿长58米,宽6米,高7.2米,全用"金砖"铺地。中殿是陈设祭器的殿堂,内置帝、后的三个汉白玉石宝座及点长明灯用的青花云龙大瓷缸和黄琉璃五供。左右配殿为石拱券无梁建筑,中有汉白玉垒起的棺床,棺床上面用"金砖"铺砌,中间有长方形孔穴,内填黄土,称"金井"。后殿为地宫中最大的殿,长30.1米,宽9.1米,高9.5米,地面用磨光花斑石砌,棺床中央放置朱翊钧和孝端、孝靖的棺椁及随葬器物。

三、明显陵

明显陵是嘉靖皇帝朱厚熜的父亲朱祐杬与母亲的合葬墓。显陵位于湖北钟祥市距离城关7.5千米处的纯德山,建于明正德十四年(公元1519年)至嘉靖三十八年(公元1559年),占地面积2747亩,风格独特,气势恢宏,是嘉靖仿先祖朱元璋追尊父亲为皇帝的范例,追尊死去的父亲为恭睿献皇帝而修建的。

显陵在保留天寿山七陵之制的基础上又有了新的创新,这与朱厚熜和他的父亲都信奉道教有关,也被后来的明陵所效仿。

一陵两冢(见图6.21)。前后两个宝城的建制可谓帝陵中的孤例。前宝城建于正德十五年(公元1520年),按藩王规制建造。后宝城建于嘉靖十八年(公元1539年),是朱祐杬被追尊为皇帝后与章圣皇太后合葬时修建的。传说神仙西王母住的地方叫"瑶池",故两宝城之间用"瑶台"连接,形成了两座宝城前后串联的特殊格局。在平面上,由从前七陵(长、献、景、裕、茂、泰、康)采用的椭圆形变为正圆形,这是后来永、昭、定、庆、德五陵宝城变为圆形的转折点,是显陵在明陵中承上启下的重要标志。

图6.21   明显陵双宝城

内、外罗城。显陵的平面呈"瓶"形,外轮廓由一道高6米、宽1.8米、长3500米的城墙围护,称外罗城。"瓶"通"平",有平安的寓意。相传"金瓶"为神仙所用法器,寓意神圣吉祥。同时,蜿蜒的城墙避免了建筑外在的生硬感,使之与自然环境更加和谐。显陵的外罗城是永陵、定陵外罗城的先声。这也是古代帝王陵寝仿生前皇宫三朝制式的重要表征。正红门以内为紫金城,紫金城内再筑内罗城,并与双宝城相连。

内、外明塘。风水理论中把靠近"穴"的叫作内明塘,也称"内阳水",可"藏风聚气",但内明塘不宜太宽阔。人工开凿的内明塘在祾恩门前的广场上,降低了地下水位,消除了地下水对地宫的侵蚀;还对以木构为主的建筑具有消防的功能。内明塘为正圆形,直径只有22米。外明塘呈椭圆形,东西长120米,南北宽90米。显陵的外明塘是在一个天然水池上改建的,因其处于陵园的入口处,对纯德山的地气有保护作用,又处于风水上称的"外阳水"位置,设计者便巧妙地将其纳入建筑单元。内、外明塘的建制为我国陵寝中的孤例。

二龙戏珠。贯穿全园南北向的御河有九道弯,内明塘的水经过九曲御河流到外明塘,再由外明塘流入莫愁湖。九曲御河的修造,无疑出自风水术上的通脉互气的要求。龙形神道在河上穿过时,共建有五道汉白玉石拱桥,每道三座。

显陵是明代帝陵中唯一整体保留"龙鳞道"具体做法的陵寝。中间铺筑石板谓之"龙脊",两侧以鹅卵石填充,谓之"龙鳞",外边再以牙子石镶边,总称"龙鳞道"。这条蜿蜒前行的"龙鳞道"(旱龙)与九曲御河(蛟龙)汇聚到内明塘,形成二龙戏珠的寓意。

新、旧红门。一般帝陵只有一道红门,即大红门,而显陵是从王陵改为帝陵,出于扩建外罗城和风水理论的考虑,加建了一道新红门,别具一格。

四、清东陵

清朝自定都北京后,仿照前朝建陵规制,兴建了规模宏大的陵园。从顺治到光绪这9个皇帝和他们的后妃分别葬在河北省遵化市的清东陵和易县清西陵。

清东陵位于河北省遵化市马兰峪西。东陵始建于康熙二年(公元1663年),共有陵寝和园寝15处。其中葬有顺治(孝陵)、康熙(景陵)、乾隆(裕陵)、咸丰(定陵)、同治(惠陵)5个皇帝,15个皇后,137个妃子,4个公主。

全陵区以顺治孝陵为中心,其他陵墓依次分列两旁。东侧有顺治皇后的孝东陵,康熙皇帝的景陵;西侧有乾隆皇帝的裕陵及裕陵妃园寝,咸丰皇帝的定陵及咸丰皇后的定东陵。此外,在东南部有同治皇帝的惠陵。在大红门外东侧有昭西陵。

孝陵,是清朝第一个皇帝顺治的陵墓,建于景色秀丽的昌瑞山主峰之下,在清东陵中规模最大,体系最完整。进入陵区门户的大红门,依次为圣德神功碑楼、石像生、神道石桥、碑楼、隆恩门、隆恩殿、方城明楼,直至宝城顶,大小建筑几十座,由一条砖石铺面的神道贯穿,形成了一条陵区的中轴线,脉络清晰,主次分明。各建筑物内的装饰华丽,外形壮观。

在隆恩殿建筑中,慈禧陵隆恩殿(见图6.22)及东西配殿建筑工艺水平最高。

图6.22 慈禧陵隆恩殿

地宫是石雕刻和石结构相结合的典型建筑,乾隆皇帝的裕陵地宫进深 54 米,总面积 372 平方米,规模大,建筑工艺水平高。

五、清西陵

清西陵位于河北省易县城西 15 千米处的永宁山下,面积达 800 余平方千米。这里北依峰峦叠翠的永宁山,南傍蜿蜒清澈的易水河,古木参天。雍正皇帝认为这里"山脉水法,条理详明,洵为上吉之壤"。雍正八年(公元 1730 年)选此为陵址。自此,清各代皇帝便间隔分葬于遵化市和易县的东、西两大陵墓。西陵分别有雍正的泰陵、嘉庆的昌陵、道光的慕陵、光绪的崇陵。建筑面积达 50 000 多平方米,共有宫殿 1000 多间,石雕刻和石头建筑 100 多座,构成了一个规模宏大、富丽堂皇的古建筑群。

泰陵是清西陵的首陵,埋葬着雍正及他的皇后、皇贵妃敦肃。泰陵规模大,体系完整。西陵以泰陵为中心,其余各陵分布在它的东西两侧,规制与清东陵基本相同。

第五节　民居

一、北京四合院

从平面上看,北京四合院(见图 6.23)是一个南北长而东西窄的纵长方形。东、西、南、北四个方向的房屋各自独立,东西厢房与正房、倒座的建筑本身并不连接,而且所有房屋都为一层,转角处有游廊连接。庭院是户外活动的场所。正房或正厅无论在尺度上、用料上、装修的精致程度上都优于其他房屋。长辈住正房,晚辈住厢房,妇女住内院,来客和男仆住外院。符合尊卑、长幼、内外的礼制要求。

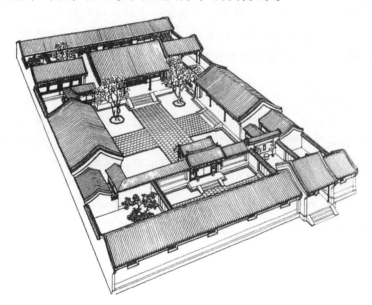

图 6.23　北京四合院

北京的四合院有大、中、小三种不同规格。

小四合院布局一般是北边正房 3 间,一明两暗。东西厢房各 2 间,南边倒座房 3 间,其中最东面的一间(八卦中的"巽"位)开作门洞。大门多是起脊门楼,院内有青砖甬道与各室相通。

中四合院一般都有三进院落,正房多是 5 间或 7 间,并配有耳房。正房建筑高大,都有廊子。东、西厢房各 3 间或 5 间,厢房往南有山墙把庭院分开,自成一个院落,山墙中央开有垂花门。垂花门是内外院的分界线。前院又叫外院,外院东西各有一两间厢房,比内院的厢房小,多用作厨房或仆人的居室。邻街是 5 至 7 间倒座,从右到左是门房、书房、车马房等，进大门又立影壁。

大四合院建筑规模宏大，院落重叠，前廊后厦，抄手游廊尽有，垂花门精雕细琢，大门的开间很大，台阶也很高，有大量砖雕。大门外有独立的影壁。院内有院，院外有园，院园相通。

北京四合院讲格局、重传统，整个院落布局严整、敞亮，给人以雅静舒适之感。

北京四合院是我国北方地区民居的典型代表，因其主要由正房、东西厢房和倒座房从东西南北四面围合庭院而得名。由于北方冬季严寒，为争取最大限度的日晒，其院落一般较为宽敞，并且为减少受风面，一般均为单层，少有楼房。

四合院的大门多开在院子的东南角上，门的大小和造型依据主人身份等级不同而有多种形式，常见的有广亮大门、金柱大门、蛮子门、如意门、窄大门和小门楼等。使用广亮大门的一般应为七品以上官员人家，其门如一间独立的屋子，门扇开在屋脊正下方的中柱上，门两旁梁柱构造外露，门及门旁有各种合乎等级规定的装饰。依照房主的地位不同，门的宽度三、五、七间不等，地位较高的，门的两侧和门对面还设有影壁。金柱大门与广亮大门大体相同，区别在于金柱大门将门扇设置在中柱与前檐柱之间的金柱上，也是一种非常讲究的大门形式。蛮子门较前两者等级略逊一筹，它的门扇设置在前檐柱上，但门两侧的木结构和装饰依然暴露出来。如意门则将除了门扇以外的木结构全部用砖墙封上，这是一般百姓最爱用的大门式样。如意门占据一个开间以上。窄大门连一个开间也占不到。小门楼基本上就是在墙上开一个门洞，只是上面专门做一个屋顶，不过尽管如此，它上面还是有一些主人力所能及的装饰。

进了四合院的大门，并不能马上看到院子的全貌，视线会被一道影壁所阻挡。这道影壁大多为一道独立的墙，较小的四合院也有将东厢房的南墙作为影壁的。影壁不仅可以遮挡外人的视线，还可以起烘托建筑气氛的作用。大门两侧的一排朝北的房屋称为倒座房，用作门房和客房。最西端的则为厕所，古人认为房屋的西南角是五鬼之地，必须用秽物将其镇住。

倒座房所在的院子并不直接与主院相通，两者间还隔着一道颇具特色的中门。这道中门有两层，其中朝外的叫垂花门，因其外檐柱不落地而是垂于半空而得名，极富装饰感。垂花门以内还有一道屏风，门扇如屏风，平时关闭，隔绝内外院视线，有贵宾来访或重大事件时打开。两门各有一个屋顶，往往一为人字脊一为卷棚，前后相连，称为勾连搭。

屏风不开时，进出经由其两侧的抄手游廊，一般为三开间，正中为堂屋，供奉祖宗牌位，其东间为祖父母房，西间为父母房，如此布置符合面朝南时左为上的礼仪。正房两侧往往还建有耳房，与正房内部相通，但前墙向后退缩。由于等级规定，一般正房只能三间，所以只能以耳房的形式暗中扩大房间。正房的前面左右是东西厢房，一般也为三开间，前有檐廊，由儿子居住。厢房与正房由窝角廊相连。在正房后面一般还有一个狭长的院子和一排房屋，称为后罩房，由女儿和女仆等居住。

上面介绍的是北京四合院的典型布局，实际四合院有大有小，最大的四合院可由多达十几进的院子组成，俨然就是一座宫殿。但不论规模如何，组成四合院的房屋只向内部开门窗，而外墙一般不开窗或开小高窗，几乎与外界隔绝。

二、山西民居

山西民居以大院为主，多用砖石修造，保存完好，布局丰富多样。山西经济实力雄厚，因而山西民居规模宏大，细部雕刻华丽，达到了很高的艺术水平。

山西民居的院落横向并联或纵向串联组成更大更多的院子。各进间多用垂花门或腰门分割形成各自独立的狭长空间，大门多居中或开在东南角。横向院落之间有小门沟通。各进院落的地势由南向北逐渐递增。形成对外封闭、对内开敞，有明确中轴线，左右对称，布局合理的合院居住形态。宗族合居时，用空间的差异区分了尊卑、男女、长幼的等级关系。

山西民居根据院落的组合方式可分为基本型、串联型、并联型和混合型四种。结构类型分为砖木型和锢窑型两种。

山西民居与华北地区的民居大同小异,在形制、建筑形式、装饰风格等方面均有一定的区别。山西自古战事频繁,商贾大户尤其注重住宅的防御性。有的建有几层的敌楼、更楼等。屋顶也多为半边盖,故外墙高耸封闭,成"四水归堂",院子呈纵长方形。由于造型各异的宅门、脊饰、烟囱帽、风水楼与风水影壁的共同作用,建筑沿街轮廓线丰满舒展。民居古拙而不呆板,统一而不单调,丰富而不凌乱,细腻而不琐碎。正如梁思成先生对山西民居的评价:"外雄内秀"。

山西四合院的宅门是重中之重,宅门有府第门、垂花门、车马门等,材料有木构、石砌、砖雕等,色彩或艳丽或肃穆,辅之以木雕、匾额、柱饰、砖雕、石兽等细部装饰,更增加了宅门的艺术魅力。

山西民居反映了诸多乡约民俗,人们在择地、奠基、破土、上梁、封顶、入住,以及选择入口的位置、房屋的高度、形制时,对风水的依赖最大。人们把风水观念、家族希望、福禄寿禧、生老病死等与民居的地形、地势、朝向、布局、形制、体量联系起来,近乎虔诚地相信这种超自然的力量。风水楼和风水(土地祠)影壁也增加了封闭外观的视觉层次,成为山西民居的地域特色。

（一）王家大院

山西灵石县静升镇的王家大院,是太原王氏后裔耗费半个世纪(1762—1811年)修建而成的豪宅,总面积达15万平方米,共有院落54幢,房屋1052间。王家大院分高家崖、红门堡(恒贞堡)、孝义祠、当铺院、戏台等。高家崖与红门堡两组城堡式建筑群,东西对峙,一桥相连。高家崖建于清嘉庆初年,是一个不规则的城堡式住宅群,它由三个大小不同的矩形院落组成:中部是两座主院和北围院;东北部是俗称"柏树院"的小偏院;西南部是大偏院。城堡的四面各开一个堡门。整个东大院建筑规模宏大、结构严谨,继承了我国西周时即已形成的前堂后室的庭院风格。红门堡建筑群呈"王"字形布局,院落27座,面积近2万平方米。红门堡为十分规则的城堡式封闭型住宅群,只在南堡墙稍偏东的位置开一个堡门(见图6.24),堡门为两进两层,上方刻有"恒贞堡"的青石牌匾,取自《易经》的"恒:亨,无咎,利贞"。堡门外有一座砖雕"福、禄、寿三星"照壁。青砖堡墙外高8米,厚2米多,堡墙上有垛口。堡内南北向有一条长133米、宽3.6米的卵石主街。主街将西大院划为东、西两大区,东西方向有三条横巷。横巷把西大院分为南北四排。一条纵街和三条横巷相交,正好组成一个"王"字。堡墙东北角和西北角各有更楼一座。堡内东南角、西北角各有水井一口。各院的布局大同小异,多数为一正两厢二进院,正面以窑洞加穿廊为主,顶层有建窑洞或建阁房的。部分应变为前园后屋的设计。王家大院的砖雕、木雕、石雕,装饰典雅,内涵丰富,具有很高的文化品位,也有极高的艺术价值。

图6.24　堡门

（二）乔家大院

与北京四合院类似的院落在我国北方各地非常普及，只是在一些具体细节上存在地区特点，比如东北地区的四合院特别宽大，且东西方向较长，以便争取更多日照和车马周旋空间。山西一带的四合院则呈现出南北狭长的特点，因电影《大红灯笼高高挂》而闻名于世的祁县乔家大院就是典型的例子。

位于祁县县城东北 12 千米处的乔家大院（见图 6.25），始建于清乾隆二十年（公元 1755 年），一直到民国初年，多次增修，但风格一致。乔家大院占地近 9000 平方米，由 6 幢大院 19 个小院共 313 间房屋组成。整体为双喜字形布局的城堡式建筑。四周砖墙高达 10 余米。院与院相衔，屋与屋相接，屋顶上都有通道与堞墙相连。乔家大院的所有院落都有正偏之分，正院是主人居住的地方，偏院是佣人居住的地方。从地面仰望时，各种屋顶的尊卑尤其明显。为了便于防守和眺望，更夫都在屋顶活动。更夫所住的房子也是在屋顶上。全院以一条平直通道将 6 幢大院分隔两旁，院中有院，院内有园。四合院、穿心院、偏心院、角道院、套院的门窗、椽檐、阶石、栏杆等，无不造型精巧，匠心独具。院内砖雕，俯仰可观，脊雕、壁雕、屏雕、栏雕……以人物典故、花卉鸟兽、琴棋书画为题材，各具风采。

图 6.25　乔家大院

乔家大院名为大院，实际上相当于一座由一系列院落构成的全封闭的城堡，它的总平面近似方形，城门状大门位于东侧，里面是一条狭长的巷道，巷道的尽头是祠堂，两侧一字排开六个四合院，左右各三个。这六个四合院大小不尽一致，其进深两至三个进不等，其共同点是南北狭长。其中最大和最具代表性的是靠近大门北侧的两个四合院，它们分别由正院和偏院构成，其正院由倒座院、前院和后院组成。如同北京四合院一样，院子的大门开在相对于正院的东南角上，占据了倒座房一间，与院门相对的墙上设有影壁。前院的入口设在正院中轴线上，为垂花门。前院和后院都比较狭长，主要建筑都是木构的，但墙壁都用砖砌。院子四面的屋顶很有特点，穿心过厅采用的是卷棚，正房采用的是人字脊，倒座院倒座房采用的是平顶，而前院倒座房和前后院厢房均采用造型独特、具有反向曲线的单坡顶。正院两侧的厢房和前后院之间的穿心过厅都是一层的，而前院的倒座房和后院的正房都是两层楼房，遥相呼应，但这些楼房的二楼并不与一楼相通，而是通过房顶与城堡的城楼状大门相通，并从那里的一条暗道上下，因此，仍可视为同一层。供仆人活动的偏院构成基本与正院相同，只是东西向更狭窄，并且都采用平屋顶，以便与正院产生明显的等级区分。

三、靠崖式窑洞、下沉式窑洞和独立式窑洞

包括山西在内的我国北方黄土高原地区自古以来就有挖窑而居的做法，主要有靠崖式窑洞、下沉式窑洞和

独立式窑洞三种。所谓靠崖式窑洞就是在天然土崖上横向挖洞,洞宽 3～4 米,深度可达 10 多米,表面做砖券,外面安上门窗。这是一种最简单的窑洞形式,规模大的可以做成并列多间和上下多层,外部也可另建房屋与之形成院落。

与之相比,下沉式窑洞更有特色,它是在平地上向下挖出窑洞,也分正房和厢房,入口坡道也在东南角,从而形成一类特殊的四合院。有一句民谣形容它"进村不见村,树冠露三分",真是再形象不过了。

独立式窑洞则是一种高级的窑洞形式,它实际是窑洞形的地面建筑,取其冬暖夏凉的好处。这类建筑在山西平遥特别有代表性,其所在的院子与一般山西民居并无太大区别,其倒座房和厢房也为单坡顶,唯独正房做成砖砌窑洞状,前面做有木构檐廊,屋顶则覆土成为平顶。由于独立式窑洞房较一般木构房昂贵,因此也只有少数人家才将厢房也做成窑洞房。

四、徽派民居

古徽州是"一府六县"(徽州府、歙县、休宁、婺源、祁门、黟县、绩溪)的统称。因地处山区,受外来的各种冲击较少,是我国保留下来的一处较为完备的文化遗存。

受楚文化、吴越文化的滋养,明中叶以后,随着徽商的崛起和社会经济的发展,徽派民居和园林建筑亦同步发展起来,并随着人口迁移扎根大江南北,形成一种成熟的建筑流派——徽派建筑,它有着自己独特的建筑语言和建筑格局,融古典、简洁、富丽为一体,有着巨大的历史价值和艺术价值。

徽州民居有如下特点。

(一) 风水观念强

徽州民居以两仪四象(通"向")、五行八卦为依据,以形势宗和理气宗为指导,去觅龙、察砂、观水、点穴、取向,注重在空间形象上达到天、地、人和谐统一,以求上天赐福,子孙昌盛,衣食充盈。或依山势,扼山麓、山坞、山隘之咽喉;或傍水而居,抱河曲、依渡口、扼岔流之要冲。整个村落给人幽静、典雅、古朴的感觉。

(二) 布局与空间处理合理

其布局严谨而不失灵活,结构紧凑而不呆板,既有传统的轴线对称布置,又有因地制宜的妙笔,且多为楼房,能节约土地、防盗、降温、防潮等。以四水归堂的天井为单元,左右延伸,前后发展,以成规模,也符合徽州人几代同堂的习俗。一般民居为三开间,大住宅亦有五开间。整个建筑形象为白墙、青瓦、马头墙、砖雕门楼、门罩、木构架、木门窗等。内部穿斗式木构架围以高墙,正面多用水平高墙封闭,两侧阶梯形的马头墙,便于防火。马头墙高低起伏,错落有致,黑白辉映,增加了空间的层次和韵律美。前后或侧旁建有庭园,置石桌石凳,掘水井鱼池,植果木花卉,甚至叠山、造泉,将人与自然融为一体。

(三) 尊礼崇道、应用自如

村落是传统文化的象征体现,其起源、发展和布局受多种因素的影响,风水是其中最重要的一种。风水强调村落枕山、环水、面屏,即前有朝山,后有靠山,左右有护山,河水、溪流似玉带环绕,天门要开,地户紧闭,水口置树,宗祠建在"穴"位等。儒家的等级尊卑、道德礼仪也由具体的建筑荷载。

(四) 实用性与艺术性的完美统一

古民居大都依山傍水,山既可以挡风、提供建材和生活用柴,又给人以视觉美感。村落建于水旁,既方便饮用、洗涤、消防,又可以灌溉农田、调节气温、美化环境。灰色封火墙错落有致,高墙小窗,黑瓦白墙,色彩典雅大方。尤其是砖、木、石三雕工艺和建筑彩绘,使整个建筑精美如诗。

其他祠庙、书院、园林、牌坊、社屋等建筑实体也借鉴了民居中的一些建筑语言。

西递村、宏村古民居群是徽派建筑的典型代表。

西递村位于黟县东源乡,建于北宋皇祐年间。据明嘉靖《新安氏族志》载,西递村"罗峰文其前,阳尖障其后,石狮盘其北,天马霭其南,中存二水,环绕石之东,西之西,故名西递"。整个村庄因山川水势,呈东北、西南走向。民宅也顺此方向布置成船形。全村现存祠堂3幢、牌楼1座、古民居224幢。整个建筑布局合理,风貌独特。村内居民宅院均以内向方形、围绕一个长方天井的合院为基本单位,宅院中设正厅、便厅、厢房、书斋、卧室、花园等,还有的建有书院、绣楼等。

宏村位于黟县城北11千米处的际联乡。汪氏祖先认定这是一块风水宝地,于南宋绍熙年间来此定居。到15世纪,汪氏3次礼聘休宁县风水先生何可达来规划宏村。何可达认定宏村的地理风水形势是一卧牛形,建议按"牛形"总体规划。村民在村西吉阳河上筑一座石坝,用水圳把碧水引入村中。明永乐年间,在山西粮运主簿汪辛的资助下,将村中一天然泉水(内阳水)扩掘成半月形的"月沼"作为"牛胃"(见图6.26)。在村南面围堤蓄水作为"牛肚"(外阳水)。九曲十弯、穿堂绕屋的主圳——"大肠",贯穿"牛胃""牛肚",作为支圳的"小肠"再通往各家各户。围绕"牛肠"和"牛胃"建造的房屋象征"牛身"。此后,又在吉阳河上架起4座木桥作为"牛腿"。在村头的桥两边,植有红杨、银杏树各一株作"牛角"。这样便形成了"山为牛头树为角,屋为牛身桥为腿"的牛形村落。这些"牛内脏"里奔流不息、永不干涸的活水,为生活和防火之用;碧波荡漾,似箭在弦的南湖为"牛肚",为生产、灌溉提供了保证;桥边水口林构成独特的水口屏障。村落规划仿牛形,其理由有三。其一,因雷岗山前的坡地如牛形,因地制宜,牛卧山冈乃情理之中。其二是出于安全考虑,牛在南方俗称"水牛",不惧水,且古人均认为牛能镇水避灾。而汪氏祖辈居此,累遭水患,选牛形多少有些迷信色彩。其三,在农业文明时期,有"牛富凤贵"之说,这也符合徽州人的心理需求。这样的规划是谙熟牛体解剖知识的杰作,它在自然和文化角度均符合中国人的审美心性,集科学与迷信、实用与审美于一体。因势就利地改造,减少了对自然生态的破坏,节省了人力物力。其完整的水系,便于生活、防火、灌溉,还能调节气候,净化环境。宏村是古人建筑布局仿生学的典范,其整体规划的科学性与功能的综合性对现代城镇布局仍有指导意义。

图6.26　宏村"牛胃"

五、土楼

在广东东部、江西东南部、福建大部分地区分布着大量土楼,其中福建西部的永定区和南部的南靖、平和、华安等县最为集中。它是一种供聚族而居,具有很强的防御性能,采用夯土墙承重的巨型多层土木结构建筑。它源于古代中原生土版筑建筑工艺技术,明清时期趋于鼎盛。土楼一般单体建筑规模宏大,依山傍水,错落有致,建筑风格独特,文化内涵丰富。结构上以厚实的夯土墙承重,内部为木构架,以穿斗式结构为主。常见的类型有圆楼、方楼、五凤楼、宫殿式楼等,楼内生产、生活、防卫设施齐全,为建筑学、人类学等学科的研究提供了宝贵的实物资料。典型代表有华安县的二宜楼,永定区的承启楼、振成楼,南靖县的和贵楼与田螺坑土楼群,诏安县的在田楼,平和县的绳武楼等。

（一）承启楼

从明崇祯年间（公元 1628 年）破土奠基至清康熙四十八年（公元 1709 年）竣工落成的福建永定承启楼，位于永定区高头乡高北村，整座楼由四个同心的环形建筑组成，石基土墙砖木结构，通廊式。环与环间以天井相隔，以石砌廊道相通。楼墙周长 1916 米，总面积 5376 平方米。其中，外环 4 层，高 12.4 米，设 4 部楼梯上下，每层用穿斗式木构架和浆砌泥砖分隔成 72 开间，底层为厨房，二层为谷仓，三、四层是卧室，并在外墙开窗；二环高两层半，每层 44 开间；三环为单层，作为书房，共计 36 开间；四环是厅堂与回廊组成的单层"四架三间"两堂式院落，是楼内用于族亲议事、婚丧喜庆等的活动场所。院内凿有 2 口水井、1 个大门、3 个中门、8 个侧门、8 个檐廊拱门、8 个防卫巷门和上下楼梯、通廊。这种通廊式圆土楼，是福建闽西客家土楼的杰出代表。

（二）二宜楼

清乾隆三十五年（公元 1770 年）始建，历时 12 年竣工的华安二宜楼，位于华安县仙都镇大地村。此楼背靠杯石山，面临小溪，取宜山宜水宜室宜家之意。楼的平面呈圆形，石基土墙木结构，内外环，单元式内通廊，对外开一个大门，左右两侧开小边门。外环四层，高 18 米，每层 52 开间，除 3 个楼门和祀堂占 4 个开间外，其余 48 个开间分隔成 12 个单元，各备楼梯上下，相对独立。底层为客厅或卧房，二、三层作卧室，顶层是祖厅。内环单层，高 4 米，分 12 个单元，作为厨房、餐厅和谷仓等，并有过廊与外环楼连接，围合成每个单元内的小天井。楼中央是公用的庭院，凿水井 2 口。外墙底层以花岗岩块石垒砌，二层以上用生土夯筑，仅在外环的四层楼设通廊将各开间连成一体，第四层向外凿窗 56 扇，广布枪眼以防匪患。这种单元式圆形土楼，整体空间布局独具特色，防卫系统构思独创，建筑装饰精巧华丽。

（三）在田楼

福建诏安县的在田楼（见图 6.27）为典型的八卦形圆土楼布局，土楼内的两口水井代表鱼的双眼，三层环形相套，每卦位有房 8 间，每层 64 间，三层共 192 间，分东、西两门出入。

图 6.27　诏安县在田楼

（四）田螺坑土楼群

由一座方楼（步云楼）和四座圆楼（和昌楼、文昌楼、振昌楼、瑞云楼）组成的田螺坑土楼群，位于南靖县书洋镇上坂村。时间跨度近 200 年。方楼居中，4 座圆楼立于左右上下，疏密有间，错落有致。楼与楼之间有鹅卵石阶曲折相连。每座楼皆为三层的石基土墙木结构，通廊式，底层是厨房，方楼有 4 个楼梯上下，4 座圆楼皆设 2 个楼梯上下，1 个大门出入。

福建土楼的类型主要有圆楼、方楼与五凤楼三种，除此之外，其变异形式也极其丰富：如半圆形的土楼，椭圆形的土楼，"卍"字形的土楼，结合山坡落差的坡地土楼，顺应地形的五角形土楼，开口马蹄形的半月楼等。圆楼、方楼又分内通廊式和单元式。内通廊式主要是闽西客家人的聚居建筑，单元式主要是闽南人的聚居建筑。

它们外观造型相同,平面布局差异极大。

土楼有如下特点。

1. 防卫性

防卫性是土楼最鲜明的特点。土楼底层外围土墙一般厚约1米,墙脚用大卵石干砌,一、二层不开窗,三层以上只开小窗,有的开射击孔,便于积极防御。圆形的防卫角度大,没有死角。大门是土楼防卫的重点,门扇用厚实的木板拼成,能抵挡门外撞击。门外包铁皮,门的顶部设水槽,从二楼灌水可在大门外形成水幕,有效地抵御火攻。土楼中数百人聚族而居,楼内有谷仓、水井、家畜,极有利于固守。

2. 造型与儒道

福建土楼外观奇特,不仅表现在土楼建筑单体上,还表现在其群体组合的丰富模式以及它们与自然环境的有机结合上。福建土楼有圆形、椭圆形、方形、半月形、梅花形、八卦形、七星拱月形等,这种对外封闭对内开敞的内向空间,正是家族内部团结统一的理想表现形式。聚居建筑环绕中心祖堂的布局,形成强烈的向心力。这种空间的向心性,体现了封建礼教的中心地位。

3. 风水

土楼村落依山面水的选址,土楼的定位、朝向、平面的形状、水井的位置、污水的排放等都讲究风水,注重与自然的和谐统一,创造出理想的居住环境。

4. 取材与营造

土楼就地取材,以夯土墙承重,厚实的土墙可以建造五六层的高楼。从"打石脚"(砌基础)、"行墙"(夯筑土墙)到"献架"(安装木构架)积累了一整套适合地方条件的施工经验。如夯土墙中用竹片、松枝作"墙筋"以增强整体性,沿海地区夯土中加糯米、红糖水以增加强度、减薄墙体等做法,都颇有创造性。土楼本身是一种生态型的建筑,生土本身透气的性能,调节了土楼内部房间的温湿度,适应了山区潮湿的气候。底层厨房的烟熏,使二层谷仓干燥且不生虫,三、四层的卧室,防潮通风,冬暖夏凉。土楼建筑的意义,还在于它就地取材,可重复使用,减小了对自然生态的破坏。

六、碉楼

中国的碉楼建筑有"土"和"洋"之分。它们共同的特征是高耸,一般在三层以上,没有传统的木结构。

图6.28 汶川县布瓦土碉群

"土"碉楼主要分布在四川省阿坝藏族羌族自治州的汶川、茂县、理县、马尔康、金川、小金、黑水、松潘、阿坝、壤塘,四川省甘孜藏族自治州的丹巴、康定、道孚、雅江、九龙、新龙、乡城、得荣、巴塘,四川省凉山彝族自治州的木里,云南省迪庆藏族自治州的维西、香格里拉、德钦,西藏自治区的阿里古格王国都城遗址、多香城堡遗址、达巴城堡遗址等,山南地区的隆子县、加查县、曲松县等地。由于各种原因造成的人口迁徙,使羌民的建筑形制和建造方式影响到部分藏民及其他少数民族。

古老的碉楼建筑从建筑材料上分为石碉楼(如丹巴县梭坡石碉群)、土碉楼(如汶川县布瓦土碉群,见图6.28)、土石碉楼(如新龙县格日土石碉群)。

(一)羌族碉楼

羌语称碉楼为"机窝格",大都建在沿河谷的高山、半山,远看像一座尖塔立于天地之间,外形呈四角形、六角形或八角形,底宽上窄,有明显的收分,角线准确笔直,表面光滑平整,全用石块和泥土砌成,与四周的自然环境融为一体,高大雄伟,庄严厚重。羌人祖先在游牧时,住的是"庐落"——帐篷。随后南迁,逐渐定居下来。《后汉书·南蛮西南夷列传》中写道:羌人"依山居止,累石为室,高者至十余丈,为邛笼","邛笼"就是羌族碉楼、石室。

现在的羌族人,一般居住石室"庄房",其建筑方法与碉楼相同,一般依岩而建,只建三层,下层作畜圈,养牲口;中层设火塘,为人住;上层堆放粮食杂物;屋顶供奉白石,楼梯间有独木梯相通。一般一个山寨有十多户到几十户人。碉楼与民居在空间上结合,则是碉楼内涵得以延伸、嬗变的结果。

(二)开平碉楼

开平碉楼(见图6.29)属于"洋"碉楼。在明朝后期,随着华侨文化的发展,大批华侨发财回家,为防御外敌,他们将中外多种建筑风格"碎片"组合,创造出新型乡土建筑样式。它是近代中西建筑文化交流中极有代表性的实例。

开平碉楼千姿百态、形式多样。从功能看,有用作家族住所的居楼、村民共同集资兴建的众楼、主要用于打更放哨的更楼三大类;从建筑结构与材料上分,有石楼、三合土楼、砖楼、钢筋混凝土楼等四种;从建筑形体看,基本上都是单体建筑,其上部造型有中国传统硬山顶式、悬山顶式等,也有国外不同时期的建筑形式、建筑风格,既有古希腊、古罗马的风格,又有哥特、伊斯兰、巴洛克和洛可可风格的建筑要素,这些不同风格流派、不同宗教的建筑元素在开平碉楼中和谐共处,表现出特有的艺术魅力。

开平碉楼的特点是铁门钢窗,一般门窗窄小,墙身厚实,墙体上设有枪眼。顶层四角建有防御用的"燕子窝",顶层还设有瞭望台,配备枪械、铜钟、警报器、探照灯等防卫装置。

图6.29　塘口龙蟠村的华焕楼

 思考题

1. 谈谈故宫的布局。
2. 比较明清皇家园林和南方私家园林的异同。
3. 谈谈明显陵的独特之处及其意义。
4. 谈谈徽州民居的特点。

第七章　中国近代建筑

第一节　建筑发展概况

当中国建筑处于近代发展时期时,世界建筑已经发展到近代后期和现代前期,中国社会已经进入由农业文明向工业文明过渡的转型期。

这个转型进程的主轴是工业化的进程,也交织着近代城市化和城市近代化的进程。处在这种转型初期的中国近代的建筑,呈现出整体性变革和全方位类型。

近代中国建筑的发展深深地受制于社会经济结构的影响,导致发展不平衡,其最主要、最突出的体现就是近代中国建筑没有取得全方位的转型,明显呈现出新旧两大建筑体系并存的局面。新建筑体系是近代化、城市化相联系的建筑体系,是向工业文明转型的建筑体系。它的形成有两个途径:一是从先步入现代化的国家引进的;二是在中国原有建筑的基础上进行改造、转型的。

中国的一整套近代所需要的新建筑类型,很大程度上都是直接从资本主义各国同类型建筑引进的。新建筑体系在建筑类型上已大体形成较为齐全的近代公共建筑、近代居住建筑和近代工业建筑的常规品类。

中国的新建筑运用了近代的新材料、新结构、新设备,掌握了近代施工技术和设备安装技术,形成了一套新技术体系和相应的施工队伍。通过外派留学和在国内开办建筑学校的方式培养了第一代、第二代建筑师。

中国建筑突破长期封建社会中与西方建筑隔离的状态,纳入了世界建筑潮流的影响,形成中西建筑文化大幅度交融的局面。

中国近代建筑所指的时间范围是从 1840 年鸦片战争开始,到 1949 年中华人民共和国建立为止。在这个时期的中国建筑处于承上启下、中西交汇、新旧接替的过渡时期,这是中国建筑发展史上一个急剧变化的阶段。中国近代建筑大致可以分为三个阶段:一是 19 世纪中叶到 19 世纪末;二是 19 世纪末到 20 世纪 30 年代末;三是 20 世纪 30 年代末到 40 年代。

清朝的闭关政策阻挡了西方建筑的传入。一直到 19 世纪中叶,除了北京圆明园西洋楼、广州"十三夷馆"(见图 7.1)以及个别地方的教堂等少数是西式建筑外,中国基本上没有接触西方近代建筑文化。鸦片战争后,各种形式的西方建筑陆续出现在中国土地上,加速了中国建筑的变化进程。

图 7.1　广州"十三夷馆"

中国近代建筑包含着新旧两大体系：旧建筑体系是原有的传统建筑体系的延续，基本上沿袭着旧有的功能布局、技术体系和风格面貌，但受新建筑体系的影响也出现若干局部的变化；新建筑体系包括从西方引进的和中国自身发展出来的新型建筑，具有近代的新功能、新技术和新风格，其中即使是引进的西方建筑，也不同程度地呈现着中国特点。

从数量上说，旧建筑体系仍然占据着优势。广大的农村、集镇、中小城市以及大城市的旧城区，仍然以旧体系的建筑为主。大量的民居和其他民间建筑基本上保持着因地制宜、因材致用的传统风格和乡土特色，虽然局部运用了近代的材料、结构和装饰。从建筑的发展趋势来看，中国近代建筑的主流则是新建筑体系。

第二节　发展阶段

一、鸦片战争到甲午战争（1840—1894 年）

鸦片战争到甲午战争（1840—1894 年）期间是西方近代建筑开始传入中国的阶段，主要有两方面的新建筑活动。一方面是帝国主义者在中国通商口岸租界区内大批建造各种新型建筑，如领事馆、工部局、洋行、银行、住宅、饭店等，在内地也零星地出现了教堂建筑。这些建筑绝大多数是当时西方流行的砖木混合结构房屋，外观多呈欧洲古典式，也有一部分是券廊式。后者是西方建筑传入印度、东南亚一带，为适应当地炎热气候而加上一圈拱券回廊，当时称为"殖民式建筑"。另一方面是洋务派和民族资本家为创办新型企业所建造的房屋，这些建筑大多数仍是手工业作坊那样的木构架结构，小部分引进了砖木混合结构的西式建筑。上述两方面的建筑虽然为数不多，但标志着中国建筑开始突破封闭状态，酝酿着新建筑体系。

随着封建王朝的崩溃，结束了帝王宫殿、苑囿的建筑历史。颐和园的重建和河北最后几座皇陵的修建，成为封建皇家建造的最后一批工程。中国古代的木构架建筑体系，在官方系统终止了活动，而在民间建筑中仍然在不间断地延续，形成了民族间的本土建筑交流。通商口岸新城区出现了早期的外国领事馆、工部局、洋行、银行、商店、工厂、仓库、教堂、饭店、俱乐部和洋房住宅。

这些外国输入的建筑以及散布于城乡各地的教会建筑是本时期新建筑活动的主要构成。它们大体是一二层楼的砖木混合结构，外观多为殖民式或欧洲古典式的风貌。出现于本时期的这批外来势力输入的西方建筑和中国洋务工业、私营工业主动引进的西式厂房，就成了中国本土上第一批真正意义上的外来近代建筑。总的来说，本时期是中国近代建筑活动的早期阶段，新建筑在类型、数量、规模上都十分有限，但酝酿了近代中国新建筑体系的形成。

二、甲午战争到五四运动（1894—1919 年）

甲午战争到五四运动（1894—1919 年）期间是西式建筑影响扩大和新建筑体系初步形成的阶段。19 世纪90 年代前后，帝国主义国家纷纷在中国设银行、办工厂、开矿山、争夺铁路修建权。火车站建筑陆续出现，厂房建筑数量增多，银行建筑引人注目。第一次世界大战期间是中国民族资本成长的"黄金时代"，轻工业、商业、金融业都有长足发展。引进西式建筑，成为中国工商业和城市生活的普遍需求。在这个时期，中国近代居住建筑、工业建筑、公共建筑的主要类型已大体齐备，水泥、玻璃、机制砖瓦等近代建筑材料的生产能力有了初步发展，有了较多的砖石钢骨混合结构，初步使用了钢筋混凝土结构，中国近代建筑工人队伍成长起来。辛亥革命后为数不多的在国外学习建筑设计的留学生学成归国，中国有了第一批建筑师。

这一阶段租界和殖民地的建筑活动更加频繁，为资本输出服务的建筑类型增多，建筑规模逐渐扩大，洋行打样间的匠商设计逐步为西方专业建筑师所取代，新建筑设计水平明显提高。引进西方近代建筑，成为中国工商企业、宪政变革和城市活动的普遍需求，显著推进了各类型建筑的转型速度。早期在欧美和日本学习建筑的留学生，相继回国，并开设了最早几家中国人的建筑事务所，诞生了中国建筑师队伍。

三、五四运动到抗日战争爆发(1919—1931 年)

五四运动到抗日战争爆发(1919—1931 年)期间是中国近代建筑事业繁荣发展的阶段。20 世纪 20—30 年代,上海、天津、北京、南京等大城市和一些省会城市,建筑活动日益增多。南京、上海分别制定了《首都计划》和"大上海计划",建造了一批行政建筑、文化建筑、居住建筑。上海、天津、广州、武汉和东北的一些城市,新建了一批近代化水平较高的高楼大厦。特别是上海,这时期出现了 28 座 10 层以上的高层建筑。中国的建筑技术在这十几年间有较大进步,许多高层、大型、大跨度、复杂的工程达到了很高的施工质量,其中一部分建筑在设计上和技术设备上已接近当时国内外的先进水平。中国建筑师的队伍也壮大了,从国外留学归国的建筑师纷纷成立中国建筑师事务所,并且在中等和高等学校中设立建筑专业,引进和传播发达国家的建筑技术和创作思想。1927 年成立了中国建筑师学会和上海市建筑协会,出版了专业刊物。1929 年成立了中国营造学社,建筑学家梁思成、刘敦桢在学社进行研究工作,为中国建筑史这个学科奠定了基础。中国近代建筑在这一阶段不只是单纯地引进西方建筑,而是结合中国实际创作出一些有中国特色的近代建筑。

到 20 世纪 20 年代,近代中国的新建筑体系已经形成。1927 年到 1931 年,近代建筑达到了繁盛的局面,主要体现在:

(1) 1927 年南京国民政府成立,结束了军阀混战局面,建筑业也取得了相对稳定的发展。

(2) 军阀、买办、地主等在租界投资商业活动,经营房地产,修建私人住宅,建筑活动在租界区急速发展。

(3) 世界经济危机给中国国内建筑市场带来机遇,掀起了一股在中国大城市建造高层建筑的浪潮。

(4) 20 世纪 20 年代国民政府制定了《首都计划》和"大上海计划",展开了一批行政办公、文化体育和居住建筑的建造活动,促使中国建筑师集中地进行了一次传统复兴式的建筑设计探索。

(5) 建筑留学生回国,建筑事务所增多,形成了建筑创作、建筑教育、建筑学术活动等的活跃局面。

(6) 欧洲新建筑运动已对近代中国建筑产生影响。

四、抗日战争爆发到中华人民共和国成立(1931—1949 年)

抗日战争爆发到中华人民共和国成立(1931—1949 年)期间是中国近代建筑的发展停滞时期。东北沦陷后,日占区内进行了城市规划,建筑活动频繁。但抗日战争期间,中国的建筑业总体处于萧条状态。第二次世界大战结束后,许多国家积极进行战后建设,建筑活动十分活跃。通过西方建筑书刊的传播和少数新归国建筑师的介绍,中国建筑师较多地接触到国外现代建筑思潮。只是这时期中国处在抗日战争和国内战争环境中,建筑活动很少,现代建筑思潮对中国的建筑实践没有产生多大影响。

这一阶段的建筑活动开始扩展到内地偏僻县镇。但建筑规模不大,除少数建筑外,一般多是临时性工程。1942 年,圣约翰大学实施包豪斯教学体系;1947 年,清华大学梁思成实施"体形环境"设计教学体系,为中国现代建筑教育播撒种子。

第三节 建筑类型

一、居住建筑

近代中国的农村、集镇、中小城市和大城市的旧城区,仍然采取传统的住宅形式。新的居住建筑类型主要集中在里弄和租界等地区。这种新的住宅有独户型、联户型和多户型等基本形态。

(一)独户型住宅

1900 年前后出现了独院式高级住宅,这些住宅基本上是当时西方流行的高级住宅的翻版,一般都处在城市的环境优越地段,房舍宽敞,有大片绿地,建筑多为一二层楼的砖(石)木结构,内设客厅、卧室、餐厅、卫生间、书房等,设备考究、装饰豪华,外观大多为法、英、德等国的府邸形式,居住者主要是外国官员和资本家。辛亥革命前后,中国上层人物也开始仿建类似住宅。从近代实业家张謇在南通建造的"濠南别业"可以看出这类中国业主的独院式高级住宅的特点:建筑形式和技术设备大多采取西方做法,而平面布置、装修、庭园绿化等方面则保留着中国传统特色。

19世纪20年代以后,独户型住宅形态逐渐从豪华型独院式高级住宅转向舒适型花园住宅,且建造数量增多,在上海、南京等城市形成了成片的花园住宅区。

(二)联户型、多户型住宅

联户型、多户型住宅包括里弄住宅、居住大院和高层公寓三类,大都是由房地产商投资统一建造,再分户出租或出售。

里弄住宅最早于19世纪50—60年代出现在上海,是欧洲输入的密集居住方式,后来汉口、南京、天津、福州、青岛等地也相继在租界、码头、商业中心附近形成里弄住宅区。上海的里弄住宅按不同阶层居民的生活需要,分为石库门里弄、新式里弄、花园里弄和公寓式里弄。早期石库门里弄明显地反映出中西建筑方式的交汇。里弄住宅布局紧凑,用地节约,空间利用充分。

居住大院在青岛、沈阳、哈尔滨等地相当普遍。"大院"大小不等,由二三层高的外廊式楼房围合而成,多为砖木结构,院内设公用的上下水设施。一个大院居住十几户甚至几十户,建筑密度大,居住水平较低。

高层公寓是大城市人口密集和地价高昂的产物,高的达十层以上。例如上海百老汇大厦(现上海大厦,见图7.2)高21层,上海毕卡第公寓(现衡山公寓,见图7.3)高15层。这些高层公寓多位于交通发达的地段,以不同间数的单元组成标准层,采用钢框架、钢筋混凝土框架等先进结构,设有电梯、暖气、煤气、热水等设备,有的底层为商店,有的有中西餐厅等服务设施,外观多为简洁的摩天楼形式。

图7.2　上海大厦

图7.3　衡山公寓

二、工业建筑

(一)砖木混合结构厂房

砖木混合结构厂房,即以砖墙、砖柱承重,上立木屋架的砖木混合结构厂房,是19世纪下半叶大中型厂房最常用的形式。建于1866年的福州船政局,车间小则几百平方米,大则2000余平方米,全部采用这种形式。建于1898年的南通大生纱厂,主车间面积为18 000平方米,也采用砖木混合结构。到了20世纪,中小型工厂也仍在继续沿用这种结构类型。

(二) 钢结构和钢筋混凝土结构厂房

钢结构厂房从 19 世纪 60 年代开始在中国出现,到 20 世纪 20—30 年代已普遍应用于机器厂、纺织厂等工业建筑。1904 年建造的青岛四方机车修理厂,是大型钢结构厂房的较早实例。20 世纪初,钢筋混凝土结构首先为单层纺织厂房所采用,以后框架、门架、半门架和各种拱架的钢筋混凝土结构在各类大跨度单层厂房中普遍应用。多层厂房最普遍的形式也是钢筋混凝土结构,主要有框架、无梁楼盖和混合结构三种形式。20 世纪 20—30 年代的许多纺织厂、卷烟厂、食品厂、制药厂的主要车间和仓库都向多层发展,五层以下的钢筋混凝土框架结构厂房较为常见。

三、公共建筑

近代各种类型的公共建筑,在 19 世纪下半叶陆续在中国出现,到 20 世纪 30 年代,其类型已相当齐全了。

(一) 行政建筑和会堂建筑

20 世纪 20 年代以前建造的行政建筑和会堂建筑,主要是外国领事馆、工部局、提督公署之类的办公用房和清政府的"新政"活动机构、军阀政权的"谘议"机构以及商会等的建筑。这类建筑基本上仿照资本主义国家同类建筑,布局和造型大多脱胎于欧洲古典式、折中式宫殿和府邸的通用形式,例如青岛提督府、江苏谘议局等建筑都有这种特色。

从 20 年代后期起,南京、上海、广州等地建造了一批办公楼和大会堂,如上海市政府大厦,南京外交部大楼、交通部大楼,南京国民大会堂,广州中山纪念堂等,这些都是中国建筑师设计的具备近代功能的民族形式的建筑。

(二) 金融建筑和交通建筑

金融建筑、交通建筑包括银行、交易所、邮电局、火车站、汽车站、航运站等。

银行为金融机构,控制着社会经济的命脉,为显示财力雄厚并博取客户信赖,许多银行竞相追求高耸宏大的建筑体量、坚实雄伟的外观和富丽堂皇的内景,因此银行大多采用古典式、折中式的建筑形式,也有少数采用民族形式。建于 1936 年的上海中国银行大厦(见图 7.4),有高达 17 层的塔楼,用经过简化了的中国建筑细部作装饰,含有淡淡的民族风韵,在上海外滩建筑群中十分突出。

图 7.4 上海中国银行大厦

火车站建筑的外观多移植国外建筑形式,如建于1898年的中东铁路哈尔滨站,是当时流行于俄国的新艺术运动风格;建成于1912年的济南火车站,是仿中世纪后期的德国风格。这两个火车站以及建于1900年的京奉铁路北京站和建于1927年的京奉铁路沈阳总站等,其建筑水平大体相当于同时期国外的火车站。

济南老火车站(见图7.5)由德国著名建筑师赫尔曼·菲舍尔设计,始建于1908年,于1912年建成投入使用,这是一组具有浓郁的日耳曼风格的建筑群。建筑师按照使用功能组织空间,使之主次分明,高低起伏错落有致。济南老火车站不论是群体的组合,还是建筑个体的造型,乃至精美的细部,都不愧为20世纪初世界上优秀的交通建筑,伟大的哥特风格和巴洛克风格在此融为一体,是当时中国可与欧洲著名火车站相媲美的建筑作品,在中国近代建筑史上占有重要的地位。

图7.5　济南老火车站

四、文化教育建筑

近代文化教育建筑包括博物馆、图书馆、大学、中小学、医院、疗养院、体育馆、体育场、公园以及各类纪念性建筑等。民国政府设立的博物馆、图书馆、体育馆以及建造的纪念性建筑,明文规定采用"中国固有形式"。教会系统的学校、医院几乎也都采用"中国式"。一批中国建筑师和少数外国建筑师投入这种民族形式创作活动,建造出像南京中山陵(1929年建成,吕彦直设计)那样成功的作品,以及北京燕京大学、北京图书馆、北京协和医院、南京中央博物院等不同处理手法的近代民族形式建筑。

北京大学(见图7.6)建立于1898年,初名京师大学堂,是第一所国立综合性大学,也是当时中国的最高教育行政机关。辛亥革命后,于1912年改为现名。

图7.6　北京大学

五、商业、服务业建筑

商业、服务业建筑在中国近代公共建筑中数量最多、分布面最广,同广大城市居民关系最为密切,可分为旧式的和新式的两类。

旧式商业、服务业建筑一般都沿用传统建筑形式,适当采用新材料、新结构进行局部改造。改造的主要目的是扩大活动空间,以接纳更多的顾客和争取更多的商品陈列空间,在立面处理上极力加强店面的广告效果。一般百货店、西服店、理发馆、照相馆多采用扩大出入口,开辟玻璃橱窗,突出招牌和模仿洋式门面的方式。大型绸缎庄、澡堂、酒馆等,除改造门面外,还在四合院楼房天井上加带天窗的钢架天棚,把各进庭院变成室内营业空间,同周围楼房营业厅串联起来,形成贯通上下的大片营业面积。

旧式商业、服务业建筑最初是利用旧房改建而成的,后来新建商店也采用了这种形式,北京谦祥益绸缎庄就是这种建筑的实例。至于大型的综合性商场,则突破旧商店的独立布局,在密集的纵横街弄上面搭盖屋顶,下面设店摆摊,把露天的街弄变成室内营业空间,形成成片聚集的大型商场。占地2万多平方米,容纳600户商贩的北京东安市场就是这种运用简易技术创造的近代大型综合性商场的典型实例。

新式商业、服务业建筑包括大型百货公司、大型饭店、影剧院、俱乐部、游乐场等,是近代中国城市商业区规模最大、近代化水平最高、建筑艺术面貌最突出的建筑。这类建筑中不少是多层、高层或大空间、大跨度、高标准的高楼大厦,如上海沙逊大厦(今和平饭店,1929年建成)、上海国际饭店(1934年建成)。这类建筑有些是下几层作为商店营业厅,上几层作为餐厅、茶室、影院、舞厅,并开辟屋顶花园,实际上是综合性的商业、娱乐业建筑。上海大新公司(今上海市第一百货公司,1936年建成)是这类建筑中规模较大、设计水平较高的实例。

第四节 建筑技术

近代中国的广大农村、中小城镇,仍然使用土、木、砖、石等建筑材料,以木构架为主要的结构形式,主要是在一些大城市采用了近代建筑技术。现就结构技术、施工技术两个方面,作如下的介绍。

中国近代建筑的主体结构大致可分为砖木混合结构、砖石钢筋混凝土混合结构、钢和钢筋混凝土框架结构三种基本形式。

中国近代建筑最先采用的是砖石承重墙、砖石拱券、木梁楼板、木屋架构成的砖(石)木混合结构,所用材料仍是传统的砖、石、木材。砌筑砖石墙体、拱券,制作新式木屋架,都是传统技术很容易适应的。砖(石)木混合结构从19世纪中叶传入中国后,就广泛推行开来,一直是近代中小型建筑的主要结构形式。

20世纪初开始,砖石钢骨混凝土混合结构逐步兴起,1902年建造的哈尔滨中东铁路管理局办公楼,1906年建成的青岛提督府都用这种结构。以后,钢筋取代了钢骨,砖石钢筋混凝土混合结构便为近代多层建筑所常用。以1908年建造的上海电话公司大楼和1916年建造的上海天祥洋行大楼为起点,多层建筑开始采用钢筋混凝土框架结构和钢框架结构。20—30年代,钢框架结构的层数不断增加。1931—1934年建造的上海国际饭店采用钢框架结构,共24层,高83.8米,是中国近代最高的高层建筑。

新结构和近代力学的引进和发展,突破了中国古代建筑工程世代沿袭的传统方式和依赖老经验的落后状态。中国的建筑师和工程师掌握了进行科学分析和定量计算的结构设计方法,这是中国当时建筑技术的重大进步。

在辛亥革命前,中国城市的建筑施工组织主要是各种专业性的"作"。辛亥革命后,营造厂逐步发展,到20年代已很普遍。抗日战争前,上海有点规模的营造厂已达500多家。营造厂是继承清代中叶的"包商"发展起来的,通过投标方式承包建筑施工任务,有单包施工和工料兼包两种。营造厂一般没有固定工人,规模大的拥有一些施工机械。营造厂得标后,分工种经由"大包""中包"层层转包到"小包",由"小包"临时招募工人应工。中国近代施工队伍主要通过这样的组织方式,承担了近代建筑工程的繁重的施工任务。一整套采用钢结构、钢筋混凝土结构的多层、高层、大空间、大跨度的工程施工,包括施工工艺、施工机械、预制构件和设备安装的技术,很快为中国建筑技术人员和工人所掌握,工种分工也达到相当精细的程度。一方面,近代中国的建筑工人擅长以简易的工艺设备和"土法"技术克服复杂的技术难题,建成许多工程质量优秀的建筑;另一方面,掌握近代建筑技术的施工队伍,总的来说人数有限,而且几乎全部集中在若干大城市。新的建筑技术同小城镇几乎无

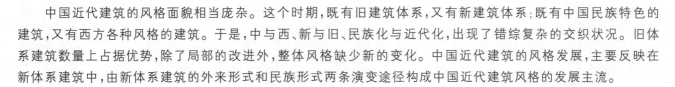

缘,更不要说广大农村了。这反映出当时中国还没有真正形成大范围内的近代化建筑的生产能力。

第五节　建筑风格

　　中国近代建筑的风格面貌相当庞杂。这个时期,既有旧建筑体系,又有新建筑体系;既有中国民族特色的建筑,又有西方各种风格的建筑。于是,中与西、新与旧、民族化与近代化,出现了错综复杂的交织状况。旧体系建筑数量上占据优势,除了局部的改进外,整体风格缺少新的变化。中国近代建筑的风格发展,主要反映在新体系建筑中,由新体系建筑的外来形式和民族形式两条演变途径构成中国近代建筑风格的发展主流。

一、近代外来形式的建筑风格

　　19世纪下半叶到20世纪30年代,西方国家的建筑风格经历了由古典复兴建筑、浪漫主义建筑,通过折中主义建筑、新艺术运动向现代主义建筑的转化过程,这些不断变化的建筑风格都曾先后地或交错地在中国近代建筑中反映出来。

　　在某一个帝国主义国家独占租借地的城市,如青岛、大连、哈尔滨等,建筑风格较为单一;在几个帝国主义国家共同占领租借地的城市,如上海、天津等,则出现建筑风格纷然杂陈的局面。从建筑风格的演变来看,近代中国首先传播开来的外来形式是西方各国的古典式和"殖民式"。19世纪下半叶建造的外国领事馆、洋行、银行、饭店、俱乐部以及20世纪初外国建筑师为清末新政活动设计的总理衙门、大理院、参谋本部、谘议局等都属这一类。进入20世纪后,外来建筑形式逐渐以折中主义为主流,出现了两种状况。一种是在不同类型建筑中,采用不同的历史风格,如银行用古典式,商店、俱乐部用文艺复兴式,住宅用西班牙式等,形成城市建筑群体的折中主义风貌;另一种是在同一幢建筑上,混用古希腊、古罗马、文艺复兴、巴洛克、洛可可等各种风格,形成单幢建筑的折中主义面貌。

　　从20世纪20年代末开始,随着欧美各国现代主义建筑的发展和传播,中国新式建筑也出现向现代主义建筑过渡的趋势。从带有芝加哥学派特点的上海沙逊大厦到模仿美国摩天楼的上海国际饭店,可以看出这种踪迹,但真正体现现代主义建筑精神的建筑实践在当时还极少。

二、近代民族形式的建筑风格

　　近代民族形式建筑的雏形,在19世纪下半叶就有了。最初出现的是一些新功能、旧形式的建筑,如1865年建造的江南制造局机械厂等,这些建筑具有近代的功能,而沿用传统的庙宇、衙署的形式,实质上是利用旧式建筑来容纳在当时还不太复杂的新功能。随后出现了一批中国式教堂和教会建筑,如上海圣约翰书院(1879年)和北京中华圣公会教堂(1907年)等,已经按新功能设计平面且有意识地采取中国传统建筑的外观,这是中国近代建筑运用民族形式的先声。从20世纪20年代起,近代民族形式建筑活动进入盛期,到30年代达到高潮。

1. 简述中国近代建筑的主要类型。
2. 简述中国近代建筑风格特点和形成的原因。

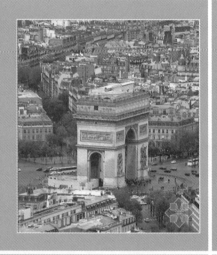

第二部分

外国建筑史

第八章　古代建筑

原始社会是人类社会发展的第一个阶段,人与自然相依为命,又与自然界作斗争。在这一过程中,出现了对自然的崇拜,太阳崇拜和生殖崇拜为世界各地的普遍的原始崇拜。此时,人类的建筑活动有了大规模的发展,原始社会的一些建筑也打上了这些宗教信仰的烙印。

第一节　古埃及建筑

埃及是世界上最古老的国家之一,古埃及文化是世界文化史上最古老的文化,起源于距今 5000 多年以前,比欧洲的希腊、罗马文化要早得多。埃及的建筑也是人类最古老的建筑,在这里产生了人类第一批巨大的纪念性建筑物,金字塔和狮身人面像给后人留下了宝贵的财富。

埃及位于非洲东北部,尼罗河孕育了埃及的文化。埃及的领土包括上埃及和下埃及两部分。上埃及是尼罗河中游峡谷,下埃及是河口三角洲。大约在公元前三千年,上埃及统治了下埃及,整个埃及成为统一的奴隶制帝国,形成了中央集权的皇帝专制制度。古代的埃及有很发达的宗教,为政权服务,产生了强大的祭司阶层。皇帝的宫殿、陵墓以及庙宇因此成了主要的建筑物,它们追求震慑人心的艺术力量。

古埃及在三个时期分别有不同的代表性建筑。

第一,古王国时期,约公元前三千年。这时候氏族公社的成员还是主要劳动力,庞大的金字塔就是他们建造的。古王国时期的建筑以举世闻名的金字塔为代表。

第二,中王国时期,公元前 21—公元前 18 世纪。手工业开始发展起来,此时的建筑以石窟陵墓为代表。这一时期已采用梁柱结构,能建造较宽敞的内部空间。建于公元前两千年前后的曼都赫特普三世墓是典型实例。

第三,新王国时期,公元前 16—公元前 11 世纪。新王国时期是古埃及最强大的时期,建筑以神庙为代表,力求神秘和威严的气氛。

古埃及民居住宅的材质一般是木材、泥土、卵石墙基,因为当地的主要自然资源是棕榈木、芦苇、纸草、黏土、土坯、石材。建筑主要形式是平屋顶(微呈拱形)、窗向北方、侧高窗。

一、金字塔

金字塔是古埃及法老和王后的陵墓,它是用巨大石块修砌而成的方锥形建筑,迄今已发现大大小小的金字塔约 110 座,大多建于埃及古王国时期。由日出日落衍生的生命循环观念使埃及人深信复生之说,古埃及宗教认为人死亡后灵魂不灭,期望"来世",他们对神的虔诚信仰,使其很早就形成了一个根深蒂固的"来世观念",他们甚至认为"人生只不过是一个短暂的居留,而死后才是永久的享受"。受这种"来世观念"的影响,古埃及人建造了庞大的金字塔,并用各种物品极尽奢华地去装饰这些坟墓,以求死后获得永生。

金字塔的演变是对皇帝的崇拜和原始拜物教的结合。金字塔的原型叫"马斯塔巴"(mastaba),是古埃及的一种住宅形式,外形像一座有收分的长方形土台。后来由马斯塔巴逐渐发展,形成了阶梯形的塔式陵墓。第一座石头的金字塔是萨卡拉的昭塞尔(Zoser)金字塔(见图 8.1),建于公元前三千年,长 126 米,宽 106 米,高 60 米,台阶形,共成 6 阶。

公元前三千年中叶,在开罗附近的吉萨,古埃及人建造了三座方锥形金字塔,即胡夫金字塔、卡夫拉金字塔及孟卡拉金字塔,这三座金字塔是迄今为止最为宏伟及完整的金字塔,古埃及的建筑师们用庞大的规模、简洁

图 8.1 昭赛尔金字塔

沉稳的几何形体、明确的对称轴线和纵深的空间布局来体现金字塔的雄伟、庄严、神秘。

胡夫金字塔是埃及规模最大的金字塔,如图 8.2 所示,塔底部边长 230 米,呈正方形,塔高 146.5 米,因年久风化,顶端剥落 10 米,现高 136.5 米。塔的中心有墓室,塔身是用 230 万块石料堆砌而成的。

图 8.2 胡夫金字塔

卡夫拉金字塔底边长 215 米,高约 143 米,它的祭庙是三座金字塔中保存得比较完整的。孟卡拉金字塔规模较小,底部边长只有 108 米,高度也只有 67 米。

金字塔的旁边还有一座借岩石凿就的、长约 46 米、高约 20 米的狮身人面像,名为斯芬克斯,它的巨爪之间有祭台,如图 8.3 所示。斯芬克斯浑圆的头颅和躯体同远处金字塔的方锥形体产生鲜明对比,丰富了群体造型,增添了神秘气氛。

二、陵墓

在中王国时期,古埃及的首都迁址到上埃及的底比斯的峡谷地带,不适合建造大规模的金字塔陵墓,产生了在深窄峡谷的峭壁上开凿的石窟陵墓。此时,祭祀厅堂成为陵墓建筑的主体,扩展为规模宏大的祀庙。

曼都赫特普三世墓是传统的金字塔和石窟墓的结合,如图 8.4 所示。一进墓区的大门,是一条两侧密排着狮身人面像的石板路,长约 1200 米。然后是一个大广场,它当中沿道路两侧排着皇帝的雕像。由长长的坡道登上一层平台,平台前缘的壁前镶着柱廊。平台中央有一座不大的金字塔,正面和两侧造着柱廊。平台后面是

图 8.3　狮身人面像

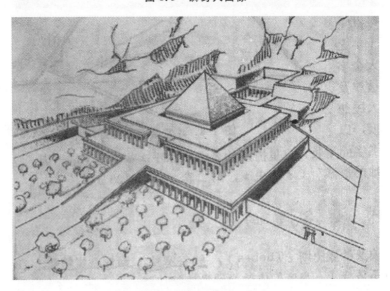

图 8.4　曼都赫特普三世墓

一个院落,四面有柱廊环绕,再后面是一座有 80 根柱子的大厅,由它进入小小的圣堂。圣堂凿在山岩里。主体建筑在一片从断崖伸展出的大平台上,巧妙利用了地形,和环境结合和谐。曼都赫特普三世墓开创了新的形制,纵轴线布局,对称构图,从单一的中心式构图转向序列式构图。建筑艺术风格也发生了变化,柱廊增加了光影和虚实的变化,建筑风格开朗华丽,细部装饰增多。

　　哈特什帕苏墓如图 8.5 所示,轴线纵深布局,柱廊比例和谐,庄严而不沉重,柱高大于 5 倍柱宽,柱间净空为 2 倍柱宽。哈特什帕苏墓有圆雕、浮雕、壁画,色彩鲜艳,柱前建有女皇立像。

三、阿蒙神庙

　　新王国时期,太阳神庙代替陵墓成为皇帝崇拜的纪念性建筑物。古埃及人由于崇奉太阳神"拉"和地方神"阿蒙",所以各地为"拉"和"阿蒙"神建造了许多神庙。神庙主要由围有柱廊的内庭院、接受臣民朝拜的大柱厅,以及只许法老和僧侣进入的神堂密室三部分组成。其中,规模最大的是卡纳克和卢克索的阿蒙神庙。神庙的建筑艺术重点已从外部形象转到了内部空间,风格从雄伟阔大而概括的纪念性转到神秘性与压抑感。

　　卡纳克神庙如图 8.6 所示,建在底比斯——太阳神、阿蒙神的崇拜中心、古埃及最大的神庙所在地。神庙建有 6 道大门,第 1 道最大,高 43.5 米,宽 113 米。大殿宽 103 米,进深 52 米。大殿由许多部分组成,其中最主要的就是柱厅,该厅长 366 米,宽 110 米,面积约 40 000 平方米;134 根石柱,分成 16 排,中央两排的 12 根柱子

图 8.5　哈特什帕苏墓

图 8.6　卡纳克神庙

最为高大,高 21 米,其直径达 3.57 米,上面承托着长 9.21 米、重达 65 吨的大梁;其他柱子的直径为 2.74 米,高 12.8 米,形成"王权神化"的神秘压抑气氛。

卢克索神庙长 262 米,宽 56 米,由塔门、庭院、柱厅、方尖碑、放生池和诸神殿构成。庙内原来有两座方尖碑,其中一座送给了法国,现矗立在巴黎协和广场。

第二节　古代两河流域和波斯建筑

两河流域文明又称美索不达米亚文明,是西亚最早的文明。两河流域的两河是指幼发拉底河和底格里斯河,在这两条河之间是一块气候湿润、土地肥沃的平原,被称为"沙漠绿洲",著名的两河流域如图 8.7 所示。公元前 3500 年至前 4 世纪,在这里曾经建立过许多国家,包括早期的阿卡德——苏马连文化,以后依次建立的奴隶制国家为古巴比伦王国(公元前 19 世纪—公元前 16 世纪)、亚述帝国(公元前 8 世纪—公元前 7 世纪)、新巴比伦王国(公元前 626 年—公元前 539 年)和波斯帝国(公元前 6 世纪—公元前 4 世纪)。

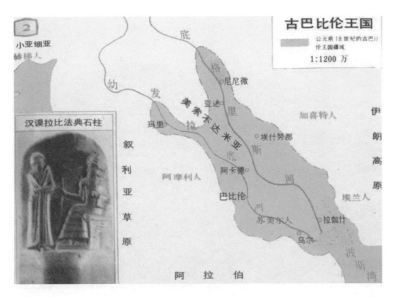

图 8.7　两河流域

两河流域气候炎热多雨,盛产黏土,缺乏木材和石材,故从夯土墙开始,至土坯砖、烧砖的筑墙技术,并以沥青、陶钉、石板贴面及琉璃砖保护墙面,使材料、结构、构造与造型有机结合,创造以土作为基本材料的结构体系和墙体饰面装饰办法,这对后来的拜占庭建筑和伊斯兰建筑影响很大。

一、山岳台

山岳台,又译为观象台,如图 8.8 所示,是古代西亚人崇拜山岳、崇拜天体、观测星象的塔式建筑物。当地居民崇拜天体,他们认为山岳支撑着天地,山里蕴藏着生命的源泉,天上的神住在山里,山是人与神之间交流的通道。他们把庙宇叫作"山的住宅",造在高高的台面上。

图 8.8　山岳台

山岳台外形呈阶梯状,是一种多层的高台,多由土坯砌筑或夯土建造,有坡道或者阶梯逐层通达台顶,四角正对方位,顶上有神堂,坡道有正对着主体的,也有沿正面左右分开的,呈螺旋式的。山岳台既是宗教建筑(崇拜天体山岳)又是科教建筑(观测星象),是早期的多功能高台建筑。

乌尔山岳台建于公元前 22 世纪,以生土夯筑而成,外表面衬一层保护砖,如图 8.9 所示。由上而下分四层:第一层 65 米×45 米见方,高 9.75 米,黑色,象征冥界;第二层 37 米×23 米,高 2.5 米,红色,象征人间世界;第三层青色,象征天堂;第四层白色,象征日月。白色的所在便是月神庙。

二、萨艮二世王宫

约公元前 800 年,亚述帝国征服了古巴比伦,建造了萨艮二世王宫,如图 8.10 所示。萨艮二世王宫由 210

图 8.9　乌尔山岳台

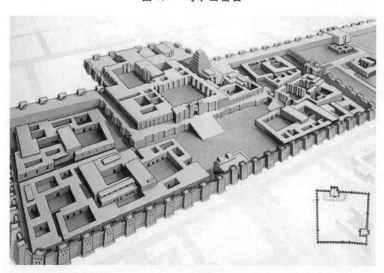

图 8.10　萨艮二世王宫

图 8.11　人首翼牛像

个房间围绕 30 个院落组成,防御性强。由 4 座碉楼夹着 3 个拱形的宫城门,为两河下游的典型形式。

　　人首翼牛像是萨艮二世王宫宫殿裙墙转角处的一种建筑装饰,如图 8.11 所示。它们的正面表现为圆雕,侧面为浮雕。正面看有两条腿,侧面看有四条腿,转角一条在两面共用,一共五条腿。它们的构思,不受雕刻体裁的束缚,把圆雕和浮雕结合起来,象征睿智和健壮,是两河流域最有特色的建筑装饰雕刻。

三、空中花园

　　约公元前 600 年,新巴比伦打败了亚述帝国,这个时期的主要建筑遗迹是新巴比伦城及其城北的伊什塔尔城门,用彩色琉璃装饰,采用在大面积墙面上均匀排列、重复动物图像的装饰构图。王宫内建有"空中花园"。

四、帕赛玻里斯王宫

波斯帝国的帕赛玻里斯王宫如图 8.12 所示,依山建于高 12 米、面积约 450 米×300 米的大平台上。大体分三个区域,即两个仪典大厅、后宫、财库,三个区域之间以"三门厅"为联系。仪典大厅的柱长细比很大,石柱雕刻精致(见图 8.13),艺术水平很高。百柱厅是帕赛玻里斯王宫里的大殿,68 米见方,有 100 根石柱,柱高 11.3 米,梁都是木制的。大殿结构之轻、空间之宽敞,在古代世界中居于第一位。

图 8.12　帕赛玻里斯王宫遗址　　　　　图 8.13　帕赛玻里斯王宫柱头

第三节　爱琴文化建筑

古代爱琴地区是以爱琴海为中心,包括希腊半岛、爱琴海中各岛屿和小亚细亚西海岸的地区,是著名的古希腊神话《荷马史诗》的故事发生的背景,先后出现了以克里特和迈西尼为中心的古代爱琴文化,是古希腊以前的文化。

一、克里特

克里特岛的建筑类型主要有住宅、宫殿、别墅、旅社、公共浴室、作坊等。克诺索斯的米诺王宫如图 8.14 所示。空间高低错落,依山而建,规模很大,占地一公顷左右。建筑布局曲折多变,宫内厅堂柱廊组合多样,柱子上粗下细,造型独特。建筑风格精巧纤丽,房屋开敞,色彩丰富。宫殿西北有世界上最早的露天剧场。

二、迈西尼

迈西尼在希腊半岛上,它的主要建筑物是城市的核心卫城,风格粗犷,防御性强。迈西尼卫城有个 3.5 米宽的狮子门,如图 8.15 所示,门上的过梁中央比两端厚,它上面有一个叠涩券,大致呈正三角形,使过梁不必承重。券里填一块石板,雕刻着一对相向而立的狮子,保护着中央一根象征宫殿的柱子,也是上粗下细的。

图8.14　克诺索斯的米诺王宫

图8.15　迈西尼狮子门

第四节　古希腊建筑

　　古希腊是欧洲文化的发源地,是西方文明的摇篮。古希腊建筑开欧洲建筑的先河,影响范围包括巴尔干半岛南部、爱琴海诸岛屿、小亚细亚西海岸,以及东至黑海、西至西西里的广大地区。古希腊的发展时期大致为公元前8世纪—公元前1世纪,即到希腊被罗马帝国兼并为止。

　　从时间上看,古希腊建筑的发展大体上可以分为四个时期:

　　(1) 荷马时期:公元前12世纪—公元前8世纪。

　　(2) 古风时期:公元前8世纪—公元前6世纪,纪念性建筑形成。

　　(3) 古典时期:公元前5世纪,纪念性建筑成熟,古希腊本土建筑繁荣昌盛。

　　(4) 希腊化时期:公元前4世纪—公元前1世纪,希腊文化传播到西亚、北非,并同当地传统相结合。

一、石梁柱结构体系的演进及神庙形制

　　古希腊早期的建筑是木构架结构,以后用石材代替柱子、檐部,从木构过渡到石梁柱结构,建筑的结构属梁柱体系,建筑的材料都用石料。石柱以鼓状砌块垒叠而成,砌块之间由榫卯或金属销子连接。墙体也用石砌块

垒成,砌块平整精细,砌缝严密。形制脱胎于贵族宫殿的正厅,以狭面为正面并形成三角形山墙。为保护墙面而形成柱廊。

　　古希腊的庙宇除屋架外全部用石材建造。柱子、额枋、檐部的艺术处理基本上确定了庙宇的外貌。庙宇只有一间圣厅,平面为长方形,以其窄端为正面。布局形制有端墙列柱式、端柱式、围柱式,围柱式包括双重围柱式、假围柱式等。

二、古希腊柱式

　　古希腊最典型、最辉煌的柱式主要有三种,即多立克柱式(Doric order)、爱奥尼柱式(Ionic order)和科林斯柱式(Corinthian order),如图 8.16、图 8.17 所示。贯穿三种柱式的是永恒不变的人体美与比例的和谐。柱式的发展对古希腊建筑的结构起了决定性的作用,并且对后来的古罗马、欧洲的建筑风格产生了重大的影响。

(一)多立克柱式

　　多立克柱式起源于意大利、西西里一带,后在希腊各地庙宇中使用。其特点是较粗壮,开间较小,柱头为简洁的倒圆锥台,柱身有尖棱角的凹槽,柱身收分、卷杀较明显,没有柱础,雄壮的柱身从台面上拔地而起,直接立在台基上,檐部较厚重,线脚较少,多为直面。总体上,力求刚劲、质朴有力、和谐,透着男性体态的刚劲雄健之美。

(二)爱奥尼柱式

　　爱奥尼柱式产生于小亚细亚地区,特点是形体修长、端丽,开间较宽。柱头则带婀娜潇洒的两个涡卷,尽展女性体态的清秀柔和之美,柱身带有小圆面的凹槽,柱础复杂,柱身收分不明显,檐部较薄,使用多种复合线脚。总体上风格秀美、华丽,具有女性的体态与性格之美。

(三)晚期成熟的科林斯柱式

　　科林斯柱式的柱身、柱础与整体比例和爱奥尼柱式相似,但柱头更为华丽,由毛茛叶组成,形如倒钟,四周饰以锯齿状叶片,宛如满盛卷草的花篮。

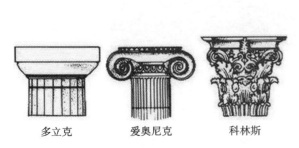

图 8.16　三种柱式的柱头

图 8.17　三种柱式

三、雅典卫城

　　公元前 5 世纪中叶,在希波战争中,希腊人以高昂的英雄主义精神打败了波斯。作为全希腊的盟主,雅典进行了大规模的建设。雅典卫城建筑群集中反映了古希腊的建筑成就,具有重要的纪念意义,是世界建筑史和艺术史的珍品。建筑总负责人是雕刻家费地。雅典卫城如图 8.18 所示。

　　雅典卫城位于雅典城中心偏南的一处小山顶上。高出平地 70~80 米,台地西低东高,东西长约 280 米,南

图 8.18　雅典卫城

北宽约 130 米,四周陡峭,围以挡墙,西段有台阶,可以登临。卫城总体布局自由,顺应地势安排,建筑布局结合祭祀仪典,建筑群的布局体现了对立和统一的原则。在卫城的每一段路程中都有优美的建筑景观,它们相继出现,前后呼应,构图有大幅度的变化。建筑物和雕刻交替成为画面的中心,建筑物有形式和大小的变化,雕刻的材料、构图和位置都不一样。画面不对称,但主次分明,条理井然,很完整。卫城位置高、体积大、形制庄严、雕刻丰富、色彩华丽、风格雄伟。其他的建筑物装饰性强于纪念性,起着陪衬烘托的作用。建筑群的布局体现了对立统一的构图原则。

四、帕提农神庙

帕提农神庙位于雅典卫城的山顶,是供奉雅典娜的大庙,是雅典卫城建筑群的中心。它位于雅典卫城的最高处,距山门 80 米左右,是希腊最大的多立克围廊式庙宇,东西立面各 8 根柱,南北立面各 17 根柱,如图 8.19 所示。帕提农神庙非常华丽,由白大理石砌成,铜门镀金,山墙尖上的装饰是金的,陇间板、山花和圣堂墙垣的外檐壁上满是雕刻,东西山花上刻着雅典娜的故事,它们是古希腊最伟大的雕刻杰作的一部分。

图 8.19　帕提农神庙

五、伊瑞克提翁神庙

伊瑞克提翁神庙是雅典卫城的著名建筑之一,是雅典卫城建筑群中爱奥尼柱式的典型代表。伊瑞克提翁神庙有三个神殿,分别供奉希腊的主神宙斯、海神波塞冬、铁匠之神赫菲斯托斯,分别由两条别具特色的柱廊把它们连接起来。北方廊柱的天花板和地板上都有方形孔,据说是被波塞冬的三叉戟刺破的。

伊瑞克提翁神庙东区是传统的6柱门面,向南采取虚厅形式。南端用6根大理石雕刻而成的少女像柱代替石柱顶起石顶,如图8.20所示,充分体现了建筑师的智慧。这些少女像长裙束胸,轻盈飘忽,头顶千斤,亭亭玉立。由于石顶的分量很重,而6位少女为了顶起沉重的石顶,颈部必须设计得足够粗,但是这将影响其美观,于是建筑师在每位少女颈后保留了一缕浓厚的秀发,再在头顶加上花篮,成功地解决了建筑美学上的难题,因而举世闻名。

图8.20　伊瑞克提翁神庙的少女像柱

六、雅典奖杯亭

雅典奖杯亭在雅典卫城东面不远,经考证为最早的科林斯柱式的代表作,如图8.21所示。圆形的亭子高约4米,由白大理石建造,有6个科林斯式的倚柱,亭子是实心的,柱子一般嵌入墙内,作为装饰。底下为方形基座,边长约5米,简洁厚重,稳重粗犷。

七、埃比道拉斯露天剧场

埃比道拉斯露天剧场坐落在一座山坡上,中心舞台的直径为20.4米,为表演区。歌坛前的34排大理石座位依地势建在环形山坡上,次第升高,像一把展开的巨大折扇,全场能容纳1.5万余名观众。

图8.21　雅典奖杯亭

第五节 古罗马建筑

古罗马文明兴起于公元前9世纪初的意大利中部,古罗马文明早期在自身的传统上受希腊文化的影响,吸收其精华并融合而成。公元前3世纪以后,罗马成为地中海地区的强国,其文化亦高度发展。随着国力日渐强大,于1世纪前后扩张成为横跨欧洲、亚洲、非洲,称霸地中海的庞大罗马帝国。到395年,罗马帝国分裂为东西两部。西罗马帝国亡于476年,而东罗马帝国在这一时期发展繁荣,成为拜占庭帝国,1453年被奥斯曼帝国所灭。

古罗马的建筑艺术是古希腊建筑艺术的继承和发展,达到了世界奴隶制时代建筑的最高峰。古罗马建筑的主要材料是混凝土,主要结构是拱券结构,具有宽阔的内部空间,风格以豪华、壮丽为特色。古罗马建筑在公元1世纪—3世纪为极盛时期,主要分为三个时期:

(1) 伊特鲁里亚时期(公元前8世纪—公元前2世纪);

(2) 罗马共和国时期(公元前2世纪—公元前30年);

(3) 罗马帝国时期(公元前30年—公元476年)。

一、券拱技术和柱式的发展

券拱技术是罗马建筑最大的特色,促进古罗马券拱结构发展的是良好的天然混凝土。它的主要成分是一种活性火山灰,加上石灰和碎石之后,坚固不透水。

十字拱是公元1世纪开始使用的一种拱券形式,即用四角的支柱支撑荷载,而不必使用承重墙,侧面可以开窗,方便采光通风,扩大了内部空间,为大型建筑的发展提供基础。

拱顶体系是将一列十字拱串联起来以平衡纵向的侧推力,而横向的力则由两侧的几个筒形拱承担,筒形拱的纵轴同这一列十字拱的纵轴相垂直,在体系的最外侧建造厚重的墙体。

肋拱架的基本原理是把拱顶区分为承重和围护部分,减轻拱顶,节约材料,目的是摆脱承重墙。但这项技术在后期未得到推广和扩大。

券拱建筑在罗马建筑中随处可见,是古罗马建筑的标志。法国尼姆城的加特输水道使用了券拱结构,如图8.22所示,输水道长275米,最高处有49米,3层叠起来的连续券上,最大的券跨度达24.5米。下层作为桥梁可行人行车,最上层输水。

图8.22 加特输水道

古罗马时期为了解决柱式和券拱结构的矛盾,将券拱结构和希腊柱式艺术风格相结合,产生了券柱式的组合。这就是把券拱结构作为柱式装饰附在建筑的墙上,把券洞套在柱式的开间里,券和柱完美结合,相交处用线脚装饰,富有变化又协调统一。券拱和柱式还有另一种结合的方法叫连续券,券脚直接落在柱子上,中间结合处有檐部,这种结构承重性不强,不能用于大型建筑。

古罗马创造了叠柱式结构,把柱式与多层建筑结合起来,创造了立面划分构图形式,底层用托斯干柱式或新的罗马式多立克柱式,第二层用爱奥尼柱式,第三层用科林斯柱式,第四层则用科林斯壁柱,但叠柱式技术在罗马建筑中所用不多。

二、角斗场

角斗场兴起于古罗马共和国末期,主要是为奴隶主观看角斗和斗兽而造。罗马城里最有名的角斗场是科洛西姆大角斗场,如图 8.23 所示。

图 8.23　科洛西姆大角斗场

科洛西姆大角斗场整体呈椭圆形,长轴 188 米,短轴 156 米,中央的表演区长轴 86 米,短轴 54 米,占地约 2 万平方米,外围墙高 57 米,相当于现代 19 层楼房的高度。底层有 7 圈灰华石的墩子,每圈 80 个。观众席大约有 60 排座位,逐排升起,可容纳 5 万～8 万人,观览条件很好。立面形式分为 4 层,前 3 层均有柱式装饰,依次为多立克柱式、爱奥尼柱式、科林斯柱式,各 80 间券柱式,第 4 层是实墙。科洛西姆大角斗场在建筑史上堪称典范和奇迹,以庞大、雄伟、壮观著称于世。现在虽只剩下大半个骨架,但其雄伟之气魄、磅礴之气势犹存。

三、凯旋门

凯旋门是纪念性建筑,代表有提图斯凯旋门、塞维鲁斯凯旋门和君士坦丁凯旋门,如图 8.24 所示。提图斯凯旋门建于公元 82 年,高约 14 米,宽约 13 米,厚 6 米,只有中间一个拱券,直径约 6 米。塞维鲁斯凯旋门建于公元 204 年,有三个拱券,高约 21 米,宽约 23 米。君士坦丁凯旋门建于公元 312 年,高约 21 米,宽约 25 米,厚 7.4 米,也有三个拱券。塞维鲁斯凯旋门和君士坦丁凯旋门形体高大,装饰华丽,其上的雕塑精美绝伦,雄壮威武。

四、万神庙

万神庙如图 8.25 所示,位于意大利首都罗马圆形广场的北部,是罗马最古老的建筑之一,也是古罗马建筑

(a)提图斯凯旋门

(b)塞维鲁斯凯旋门

(c)君士坦丁凯旋门

图 8.24　凯旋门

图 8.25　万神庙内部和外部

的代表作。万神庙采用了穹顶覆盖的集中式形制,是单一空间、集中式构图的建筑物的代表,它也是罗马穹顶技术的最高代表。

万神庙平面是圆形的,穹顶直径达 43.3 米,顶端高度也是 43.3 米,穹顶中央有直径为 8.9 米的洞作为采光口。万神庙入口处设有门廊,面阔 33 米,正面有 8 根科林斯柱式的柱子。圆形墙厚 6.2 米,混凝土浇筑的。墙体内沿圆周有 8 个大券,其中 7 个下面是壁龛,一个是大门。建筑外墙面分为 3 层,下层贴大理石,上两层抹灰。万神庙至今还是意大利的一个教堂,这里定期举行弥撒以及婚礼庆典,同时它又是世界各国游客们竞相参观的对象,是建筑史上重要的里程碑。

五、罗马剧场

古罗马各地的大型剧场,观众席呈半圆形,逐排升起,以纵过道为主、横过道为辅。观众按票号从不同的入口、楼梯,到达各区座位。人流不交叉,聚散方便。舞台高起,前有乐池,后面是化妆楼,化妆楼的立面便是舞台的背景,两端向前凸出,形成台口的雏形,已与现代大型演出性建筑物的基本形制相似。罗马城里比较著名的有马采鲁斯剧场,如图 8.26 所示,观众席最大直径为 130 米,可容纳 1 万多人。

六、罗马广场

罗马的城市中,一般建造有广场,是政治经济文化活动的中心。

罗曼努姆广场建于罗马共和国时期,建造较为零乱,广场用大理石建造,呈梯形,长约 115 米,宽约 57 米。

恺撒广场建于罗马共和国末期,以庙宇为主体,是封闭式的形式统一的广场,尺寸为 160 米×75 米,广场中间立着恺撒的骑马镀金青铜像,成了恺撒个人的纪念物,标志着罗马从共和制转向帝国时代。

图 8.26　马采鲁斯剧场

奥古斯都广场,恺撒的继承人奥古斯都在恺撒广场旁边又造了一个奥古斯都广场,尺寸为 120 米×83 米,有一圈单层的柱廊,纯为皇帝的纪念地,广场中建有围廊式庙宇,两侧有半圆形的讲堂。

图拉真广场,建在奥古斯都广场旁边,如图 8.27 所示,是罗马最宏伟的广场。广场的正门是三跨的凯旋门,尺寸为 120 米×90 米,轴线对称,纵深布局。内部有图拉真的骑马铜像,中央立着纪功柱,如图 8.28 所示,高达 35.27 米。

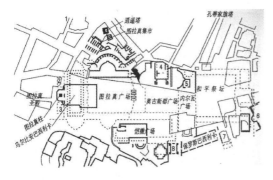

图 8.27　广场位置示意图

图 8.28　图拉真广场的纪功柱

七、罗马公共浴场

古罗马浴场不仅是沐浴之用,而且是一种集社交、文娱和保健的综合性场所,成为古罗马上层社会不可少的享受,单在罗马就发现 11 所浴场。罗马城市里,把运动场、图书馆、音乐厅、演讲厅、交谊室、商店等建造在公共浴场里,形成一个多用途的建筑群。罗马帝国时期,浴场成了很重要的公共建筑物,建筑质量迅速提高,终于产生了足以代表当时建筑水平的最高成就的作品,代表是卡拉卡拉浴场和戴克利提乌姆浴场。由于拱券技术成熟,浴场把各种辅助房间都设在地下室中,主要房间的平面布置逐渐趋于对称,并且形成了严谨的空间序列。

卡拉卡拉浴场如图 8.29 所示,尺寸为 575 米×363 米,主体建筑长 216 米,宽 122 米,建筑整体结构优良,功能很完善,券拱体系构成一个有机的整体,各种用途的大厅联系紧凑,空间利用合理,内部组织得简洁而又多变,从单一空间到复合空间,结构上有了很大的进步。

八、《建筑十书》

维特鲁威是奥古斯都的军事工程师,他于公元前 1 世纪撰写了《建筑十书》,这本书中记录了建筑构图的一

图8.29 卡拉卡拉浴场外部和内部

般法则,包括柱式、庙宇、公共建筑物和住宅的设计原理,建筑材料的性质及生产、使用方法,建筑构造做法,施工和装修方法,施工机械和设备等,内容十分完备。《建筑十书》奠定了欧洲建筑科学的基本体系,系统地总结了希腊和罗马建筑的实践经验,建立了城市规划和建筑设计的基本原理,并论述了一些基本的建筑艺术原理。这本书后来成了欧洲建筑师的基本教材,奠定了欧洲建筑科学发展的基础,在建筑史上留下了浓墨重彩的一笔。

思考题

1. 金字塔是什么时期的典型建筑?
2. 雅典卫城是什么时期的神庙、群体布局以及雕刻艺术的最高成就的杰出代表?
3. 请分别简述古希腊多立克、爱奥尼、科林斯三大柱式的柱头的装饰特征。
4. 请简述《建筑十书》的主要内容及意义。

第九章　欧洲中世纪建筑

欧洲的中世纪是欧洲历史上的一个时代,即从西罗马帝国灭亡(公元 476 年)到文艺复兴(15 世纪)的这段时期。公元 395 年,以基督教为国教的古罗马帝国分裂为东西两部。东罗马帝国建都在黑海口上的君士坦丁堡,后来得名为拜占庭帝国,它从 4 世纪开始封建化。公元 476 年,西罗马帝国被北方蛮族灭亡,经过漫长的战乱,西欧形成了封建制度。在这个时期里由于频繁的战争,以及基督教对人民思想的禁锢,科技和生产力发展停滞,人民生活在毫无希望的痛苦中,所以中世纪的欧洲被称作"黑暗时代"。

西欧和东欧的中世纪历史很不一样,它们的建筑分别发展为两个建筑体系:东欧中世纪建筑——拜占庭建筑;西欧中世纪建筑——早期基督教建筑、罗马风建筑、哥特式建筑。

第一节　拜占庭建筑

拜占庭帝国的版图以巴尔干半岛为中心,包括小亚细亚、地中海东岸和北非、叙利亚、巴勒斯坦、两河流域等,建都君士坦丁堡。拜占庭文化不局限在东罗马帝国,它也影响了周边的一些地区,它又汲取了波斯、两河流域、叙利亚等东方文化,用各色云石、玻璃、彩色面砖进行装饰,形成了自己的建筑风格,并对后来的俄罗斯的教堂建筑、伊斯兰教的清真寺建筑都产生了积极的影响,其次还有意大利的威尼斯地区等,这些地区至今还保留着拜占庭风格的建筑。

4—6 世纪是拜占庭帝国的强盛时期,也是拜占庭建筑最繁荣的时期。拜占庭帝国的建筑在罗马遗产和东方经验的基础上形成独特的体系。6 世纪中叶,拜占庭帝国的极盛时期,建造了一些庞大的纪念性建筑物。7—15 世纪,拜占庭帝国逐渐没落瓦解,建筑也渐渐式微,形制和风格却趋向统一,影响了东欧。

一、穹顶、帆拱和集中形制

拜占庭建筑发展了古罗马的穹顶结构和集中式形制,创造了穹顶支撑在四个或更多的独立柱上的结构方法和穹顶统率下的集中式形制建筑。十字架横向与竖向长度差异较小,其交点上为一大型圆穹顶。在方形的平面上,建立覆盖穹顶,并把重量落在四个独立的支柱上,这种穹顶结构对欧洲建筑发展是一大贡献。拜占庭建筑主要有四个方面的特点。第一个特点是屋顶造型普遍使用"穹顶"。第二个特点是整体造型中心突出,体量既高又大的圆穹顶,往往成为整座建筑的构图中心。第三个特点是它创造了把穹顶支撑在独立方柱上的结构方法和与之相应的集中式建筑形制。其典型做法是在方形平面的四边发券,在四个券之间砌筑以对角线为直径的穹顶,仿佛一个完整的穹顶在四边被发券切割而成,穹顶的重量完全由四个券承担,从而使内部空间获得了极大的自由。第四个特点是色彩灿烂夺目,在建筑及室内装饰上,最早的成就表现在基督教堂上,最初也是沿袭巴西利卡式的形制,墙面往往铺贴彩色大理石,拱券和穹顶面不便贴大理石,就用马赛克石材或粉画。

后来,为了进一步提高穹顶的标志作用,完善集中式形制的外部形象,又在四个券的顶点之上作水平切口,在水平切口上砌一段圆筒形的鼓座,穹顶砌在鼓座上端。穹顶在构图上的统领作用明确而肯定,建筑的艺术表现力大大增强了。水平切口所余下的四个角上的球面三角形部分,称为帆拱,如图 9.1 所示。

希腊十字式的教堂就是在理论分析和结构技术不断完善的条件下产生的,中央的穹顶和它四面的筒形拱成等臂的十字,叫希腊十字。

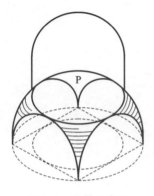

图 9.1　帆拱示意图

拜占庭时期建筑的特点，除了对穹顶的偏爱之外，就是马赛克技术的大量使用。这种用涂有色彩的小陶瓷片来拼组图案的方法在罗马帝国初期就已经很盛行了，但是把马赛克大量地用在教堂内部装饰上是拜占庭时期的特色。后世的教堂虽然已没有这样的习惯，但许多教堂的窗户仍在用不同颜色的玻璃拼出一些图案或者人像来，这就是马赛克技术的遗风。

二、圣索菲亚大教堂

拜占庭建筑最光辉的代表是君士坦丁堡的圣索菲亚大教堂，如图 9.2 所示。它是东正教的中心教堂，是拜占庭帝国极盛时代的纪念碑，建于公元 537 年。圣索菲亚大教堂是一座三拱长方形建筑，教堂的圆顶高 60 米，相当于 20 层楼高，是世界有名的五大圆顶之一。教堂占地面积近 8000 平方米，其中中央大厅 5000 多平方米，教堂前厅 600 多平方米。圣索菲亚大教堂是集中式的，东西长 77 米，南北长 71 米。中央穹隆突出，四面体量相仿但有侧重，前面有一个大院子，正南入口有两道门庭，末端有半圆神龛。

圣索菲亚大教堂代表了拜占庭教堂建筑的最高成就。首先穹顶结构体系完整，教堂正中的穹顶，直径 32.6 米，穹顶离地 54.8 米（将近 18 层楼高的一个完整的室内空间），通过帆拱架在 4 个墩子上。中央穹顶在东西两面的侧推力由一级比一级小的半穹顶和大券抵挡，南北方向的侧推力则由四片墙抵住。其次是集中统一又曲折多变的内部空间，如图 9.3 所示，中央穹顶下的空间同南北两侧是明确隔开的，而同东西两侧贯通。东西两侧逐个缩小的半穹顶造成了步步扩大的空间层次，半穹顶层层涌起，突出中央穹顶的统领地位，集中统一。南北两侧的空间透过柱廊同中央部分相通，它们内部又有柱廊作划分。内部空间丰富多变，大小空间前后上下相互渗透，穹隆底部 40 个窗洞密排一圈，光线射入时形成的幻影使大穹隆显得轻巧凌空。这套结构的关系明确，层次井然，显见匠师们对结构所受的力已经有相当准确的分析能力。最后是内部装饰光彩夺目，大教堂内墙上有天使杰布拉欣的巨幅油画，它向教徒们描绘了天国幸福、安详而和平的景象。地面用马赛克铺装，大厅四周有许多带彩色玻璃的拱形窗户，墩子和墙全用彩色大理石贴面，柱头用白色大理石，镶着金箔，穹顶和拱顶用金色和蓝色的玻璃马赛克装饰。

图 9.2　圣索菲亚大教堂

图 9.3　圣索菲亚大教堂内部

三、东欧的小教堂

拜占庭文化后来影响了俄罗斯文化,圣索菲亚大教堂建成之后,各地的教堂规模都很小,东欧等东正教国家的教堂采用改进了的拜占庭式风格,在俄罗斯有代表性的拜占庭小教堂建筑。这些教堂的外形有改进,穹顶逐渐饱满起来,立在鼓座之上,成了结构的中心,形成了集中式的构图,体形显得舒展,外立面和装饰、雕刻较为精致,代表主要有诺夫哥罗德的圣索菲亚主教堂和南斯拉夫的格拉查尼茨教堂,如图9.4、图9.5所示。

图9.4　诺夫哥罗德的圣索菲亚主教堂

图9.5　南斯拉夫的格拉查尼茨教堂

第二节　西欧中世纪建筑

西欧社会从奴隶时代向中世纪封建时代的转变,也是罗马文化向基督教文化演变的过程,基督教文化逐渐成为西欧的文化核心。基督教对西欧中古社会的发展意义重大,它使处于严重分裂状态下的西欧各地区国家、各阶级的人群拥有统一的信仰,使西欧封建文明在文化和精神生活中具有了整体一致性。西欧的封建制度便是在这一背景下,由日耳曼、罗马和基督教三种因素互相融合,从罗马灭亡后的废墟上产生并发展起来的,并创造了辉煌的成就。

中世纪的欧洲建筑按历史分期可分为三个阶段。

(1)早期:5—10世纪,欧洲奴隶制崩溃与封建制形成时期的早期基督教建筑。

(2)中期:10—12世纪,西欧封建社会初期的罗马风建筑。

(3)后期:12—15世纪,以法国为中心的盛期哥特式建筑。

一、拉丁十字式巴西利卡

拉丁十字式巴西利卡源自古希腊,在罗马时期作为公共建筑的一种形制,后来基督教的教堂建筑形式即源于此。巴西利卡是长方形的大厅,如图9.6所示,纵向的几排柱将它分成几个长条空间,中间较宽,为中厅,两侧窄,是侧廊。中厅比侧廊高很多,可以利用高差在两侧开高窗。东端建半圆形圣坛,用半穹顶覆盖,其前为祭坛,坛前是唱诗班,叫歌坛。由于宗教仪式日益复杂,在祭坛前增建一道横向空间,形成十字形的平面,纵向比横向长得多,即为拉丁十字平面。其形式象征着基督受难,适合仪式需要,这种建筑物容量大,结

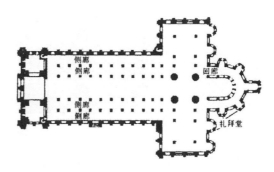

图9.6　拉丁十字式巴西利卡

构简单,便于群众聚会,所以被天主教会选中成为天主教堂的正统形制。

罗马城里的圣约翰教堂是罗马第一座基督教堂,如今是罗马主教堂。罗马城外的圣保罗教堂中厅高,两侧

开窗,由于是木屋顶,所以屋盖较轻。中厅和侧廊之间开高窗,圣坛是半圆形的。圣约翰教堂和圣保罗教堂分别如图9.7、图9.8所示。

图9.7 罗马城里的圣约翰教堂

图9.8 罗马城外的圣保罗教堂

二、罗马风建筑

公元9世纪左右,西欧一度统一后又分裂成法兰西、德意志、意大利和英格兰等十几个国家,并正式进入封建社会。这时西欧的经济属自然经济,社会秩序较稳定,于是,具有各民族特色的文化在各国发展起来。这时的建筑除基督教堂外,还有封建城堡与教会修道院等,其规模远不及古罗马建筑,设计、施工也较粗糙,但建筑材料大多来自古罗马废墟,建筑艺术上继承了古罗马的半圆形券拱结构,形式上也略有古罗马的风格,故称为罗马风建筑。

罗马风建筑承袭早期的基督教建筑,平面仍为拉丁十字,西面有一两座钟楼,它所创造的扶壁、肋骨拱与束柱在结构与形式上都对后来的建筑影响很大。代表建筑有意大利的比萨教堂建筑群(见图9.9),建筑群位于城中西北角,三座建筑物体形各异,对比强烈,洗礼堂在教堂的前面,钟塔在教堂的东南侧。

图9.9 比萨教堂建筑群

比萨主教堂建于1063—1092年,平面是拉丁十字式,全长95米,正立面高32米,有4层空券廊,光影和轮廓变化丰富,十字交叉处有椭圆形穹顶。中间有4排柱子,屋顶有木桁架,侧廊用十字拱顶,建筑物外墙都是白色和深红色,衬着碧绿的草地,色彩十分明快。比萨洗礼堂位于教堂前方,是一座圆形建筑,直径35.4米,高54米,分为3层。比萨钟塔是举世闻名的"比萨斜塔",建于1174年,在教堂的东南侧20多米处,圆形直径15.8米,高55米,分8层,是意大利独一无二的圆塔。

这一组建筑群摆脱了主教堂位于城市中心的惯例,造在城市的西北角,连成一线,建筑物的形体各异,对比很强,造成丰富的变化。但它们构图主题一致,都用空券廊装饰,风格统一,形成和谐的整体。它们既不追求神秘的宗教气氛,也不追求威严的震慑力量,而作为战胜强敌的历史纪念物,它们是端庄的、和谐的、宁静的。

三、哥特式建筑

哥特式建筑是 11 世纪下半叶起源于法国,12—15 世纪流行于欧洲的一种建筑风格。12 世纪时,工商业城市获得不同程度的自治权,出现了哥特式建筑,其建筑风格以上指的尖券、尖形肋骨拱顶、高耸的钟楼、飞扶壁、束柱、花窗棂为特点。技术上解决了罗马式十字拱的结构问题,骨架券及二圆心尖拱的应用为哥特式教堂提供了技术保障。哥特式建筑以教堂为主,也有城市广场、市政厅等建筑,风格独特。西欧各国不同的民族文化,造成了哥特式建筑不同的地方特色,其中以法国的哥特式建筑成就最大。

哥特式建筑的总体风格特点是空灵、纤瘦、高耸、尖峭。尖峭的形式,是尖券、尖拱技术的结晶;高耸的墙体,则包含着斜撑技术、扶壁技术的功绩。而那空灵的意境和垂直向上的形态,则是基督教精神内涵的最确切的表述。高而直、空灵、虚幻的形象,似乎直指上苍,启示人们脱离这个充满苦难、罪恶的世界,而奔赴"天国乐土"。

(一)结构上的特色(见图9.10)

第一,框架式骨架券作拱顶承重构件,其余填充维护部分减薄,使拱顶减轻。

第二,独立的飞扶壁在中厅十字拱的起脚处抵住其侧推力,和骨架券共同组成框架式结构。

第三,侧廊拱顶高度降低,使中厅高侧窗加大。

第四,使用二圆心的尖拱、尖券,使侧推力减小,且不同跨度拱可一样高。

(a)拱顶和飞券结构　　　　　(b)飞扶壁结构

图 9.10　结构特色

(二)外部特点

第一,外部的扶壁、塔、墙面都是向上的垂直划分,顶部为尖顶,整个外形充满着向天空的升腾感。

第二,柱子不再是简单的圆形,多根柱子合在一起成为束柱,强调了垂直的线条,更加衬托了空间的高耸峻峭。

第三,由于肋的增多,足以承担重量,拱柱之间的墙承受的压力就小了,所以彩色玻璃马赛克组成的大窗替代了墙。光线就这样第一次以瑰丽的形式进入了原来教堂里阴暗的空间,如图9.11所示。

(三)内部特点

第一,基本形制是拉丁十字式的,中厅一般不宽但很长,两侧支柱的间距不大,形成自入口导向祭坛的强烈动势。

第二,中厅高度很高,两侧束柱的柱头弱化至消退,垂直线控制室内划分,尖尖的拱券在拱顶相交,如同自地下生长出来的挺拔枝干,形成很强的向上升腾的动势。两个动势体现出对神的崇敬和对天国的向往。

法国巴黎圣母院是哥特式风格的天主教教堂,是古老巴黎的象征。圣母院约建造于 1163 年,是法兰西岛地区的哥特式教堂群里非常具有代表意义的一座,整座教堂在 1345 年全部建成,历时 180 多年,它的地位、历史价值无与伦比,是历史上最为辉煌的建筑之一。该教堂以其哥特式的建筑风格,祭坛、回廊、门窗等处的雕刻和绘画艺术,以及堂内所藏的 13—17 世纪的大量艺术珍品而闻名于世。虽然这是一幢宗教建筑,但它闪烁着法国人民的智慧,反映了人们对美好生活的追求与向往。

圣母院的建造全部采用石材,其特点是高耸挺拔、辉煌壮丽,整个建筑庄严和谐,如图 9.12 所示。在结构上使用了骨架券、尖券、扶壁、飞扶壁,杰出的结构促成了伟大的形象。此外还采用了钟楼、束柱、花窗棂、透视门等,表达了强烈的宗教气氛。

图 9.11 彩色玻璃

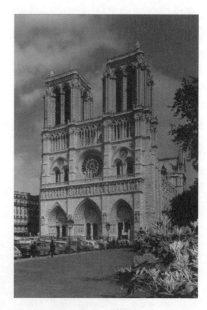

图 9.12 巴黎圣母院

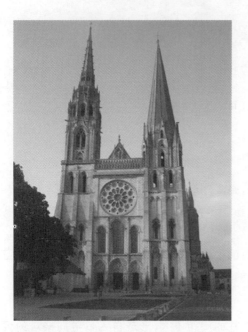

图 9.13 夏特尔大教堂

夏特尔大教堂,12 世纪法国建筑史上的经典杰作,是标准的法国哥特式建筑,如图 9.13 所示。西面的两座尖塔有着明显的差异,因为南塔于 1145 年—1170 年建成,是晚期罗马式建筑向哥特式建筑过渡的风格,较为朴素。北塔建成于 1507 年,有更多的雕刻,更纤细,是典型的哥特式建筑风格。夏特尔大教堂大堂的 3 个圣殿,分别与三座大门相通。象征耶稣不同时期的生活。正面门楣上因有耶稣基督的石雕,故以"王者之门"著称,北面大门上雕有圣母和《圣经·旧约》中的人物,而南面翼殿大门的浮雕则描述了基督的一生,因此夏特尔大教堂被称为"石雕圣经教堂"。

夏特尔大教堂雕刻群像是法国哥特式雕刻艺术的典型作品,如图 9.14(a)所示,其特点是形体修长,姿态拘谨,雕像以其头部前仰后合、左顾右盼来生动地表现人物的神态和动作。在教堂门侧的立柱上,雕刻有许多站立的人物形象,有的是表现《圣经》中的先知和圣徒,有的是表现皇帝和皇后,体现了政教合一的思想。玫瑰窗是圣母玛丽亚的传统象征,如图 9.14(b)所

(a)夏特尔大教堂雕刻

(b)夏特尔大教堂玫瑰窗

图 9.14　夏特尔大教堂细节

示。教堂上方十二道细密的联拱,以及玫瑰窗里十二个小圆形与松子形的镂空装饰,都是象征耶稣的十二门徒。

　　法国兰斯大教堂(见图 9.15)也是法国非常有名的哥特式教堂,是法国国王举行加冕仪式的地方。兰斯大教堂正面是 3 段式构造,高高矗立着 2 座左右对称的尖塔。正面中央大门右侧的四尊立像,更是哥特式建筑鼎盛时期的杰作。教堂顶部有密集而细长的大小尖塔,重重叠叠,直上云霄。

　　法国亚眠主教堂坐落于法国索姆省亚眠市索姆河畔,外观为尖形的哥特式结构,如图 9.16 所示。大教堂总面积达 7760 平方米,东西长 145 米,内部由三座殿堂、一个十字厅(长 133.5 米、宽 65.25 米、高 43 米)和一座后殿组成,布局严谨。教堂内遍布 12 米高的彩色玻璃窗,强调采光,是哥特式教堂彩色玻璃窗的典范。

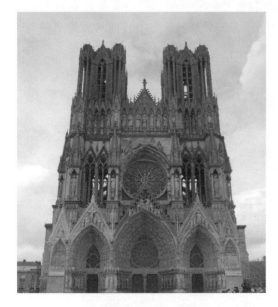
图 9.15　兰斯大教堂

图 9.16　亚眠主教堂

　　德国的哥特式建筑以科隆大教堂为代表,它是德国最大的教堂,它与巴黎圣母院大教堂和罗马圣彼得大教堂并称为欧洲三大宗教建筑。科隆大教堂以轻盈、雅致著称于世,成为科隆城的象征,也是世界第三高的教堂(塔尖高 157 米),如图 9.17 所示。大教堂内分为 5 个礼拜堂,中央大礼拜堂穹顶高 43 米,中厅跨度为 15.5 米,是目前尚存的最高的中厅。具有中世纪晚期风格的唱诗台是德国最大的,它的特别之处在于各有一个预留给教皇和皇帝的座位。

　　科隆大教堂四壁窗户总面积达 1 万多平方米,全装有描绘《圣经》人物的彩色玻璃,被称为法兰西火焰,使教堂显得更为庄严。在阳光反射下,这些玻璃金光闪烁、绚丽多彩,是教堂的一道独特的风景。

德国乌尔姆教堂如图 9.18 所示，是位于德国乌尔姆市的一座哥特式教堂。乌尔姆教堂塔顶高 161.53 米，共有 768 级台阶，是世界上最高的教堂塔楼。乌尔姆教堂共有三座塔楼，西侧的主塔楼高 161.53 米，东侧的双塔楼高 86 米。教堂建筑长 123.56 米，宽 48.8 米，面积约 8260 平方米，乌尔姆教堂可以容纳 3 万人，是仅次于科隆大教堂的德国第二大哥特式教堂。

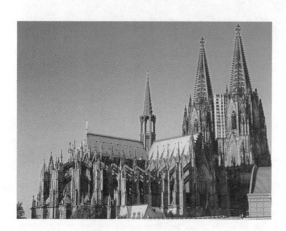

图 9.17　科隆大教堂

图 9.18　乌尔姆教堂

米兰大教堂是意大利最大的哥特式教堂，有"米兰的象征"之美称。它是意大利著名的天主教堂，位于意大利米兰市，规模居世界第二，是米兰的象征和中心。米兰大教堂外部的扶壁、塔、墙面都是垂直向上的划分，局部和细节顶部为尖顶，整个外形充满着向天空的升腾感，如图 9.19 所示。教堂内外墙等处均点缀着圣人、圣女雕像，如图 9.20 所示，共有 6000 多尊，仅教堂外就有 3159 尊之多。教堂顶耸立着 135 个尖塔，每个尖塔上都有精致的人物雕刻。

图 9.19　米兰大教堂

西班牙伯格斯大教堂是唯一的一座独立被宣布为人类文化遗产的大教堂，是 13 世纪哥特式建筑的杰出代表。从外部看正面的标志是那些高耸秀美的尖塔，如图 9.21 所示。教堂里面保存着无数珍贵的祭坛装饰画、祈祷长椅、小礼拜堂、彩色玻璃。

图 9.20　米兰大教堂雕刻

图 9.21　西班牙伯格斯大教堂

 思　考　题

1. 著名的法国巴黎圣母院是_____风格的天主教教堂。

2. 请简述圣索菲亚大教堂的建筑特点。

3. 请简述哥特式教堂的建筑结构特征。

第十章 欧洲 15—18 世纪的建筑

第一节 意大利文艺复兴建筑

文艺复兴运动源于 14—15 世纪,这一时期生产技术和自然科学取得了重大进步,以意大利为中心的思想文化领域里的反封建、反宗教神学的运动,就叫作文艺复兴运动。

文艺复兴建筑于 15 世纪产生于意大利,后传播到欧洲其他地区,形成带有各国特点的文艺复兴建筑。意大利文艺复兴建筑在文艺复兴建筑中占有最重要的位置。

文艺复兴建筑流行于 15—19 世纪,最明显的特征是扬弃了中世纪时期的哥特式建筑风格,而在宗教和世俗建筑上重新采用古希腊、古罗马时期的柱式构图要素。在理论上以文艺复兴思潮为基础;在造型上排斥象征神权至上的哥特式建筑风格,提倡复兴古罗马时期的建筑形式,特别是古典柱式比例、半圆形券拱及以穹隆为中心的建筑形体等。

一、佛罗伦萨建筑

佛罗伦萨的育婴堂如图 10.1 所示,是意大利文艺复兴时期早期的代表作,设计者是伯鲁乃列斯基。平面是一座四合院,正面面向安农齐阿广场;底层是连续券廊,科林斯柱式;第二层窗小,墙面大,但线脚细巧,和券廊的风格很协调。整个立面构图简洁,比例匀称。廊的结构是拜占庭式的。房屋的正立面就是广场的某一个立面,券廊使房屋和广场互相渗透。

图 10.1 育婴堂

佛罗伦萨主教堂的穹顶如图 10.2 所示,直径 42.5 米,亭子顶距地面高达 115 米。穹顶是文艺复兴的第一朵报春花,标志着意大利文艺复兴建筑史开始。教堂的设计师是伯鲁乃列斯基,是文艺复兴时代所特有的多才多艺的人才。教堂穹顶的主要建筑特点如下。

佛罗伦萨主教堂的穹顶下面使用"鼓座",约 12 米高,减小了穹顶的侧推力和它的重量。穹顶轮廓采用尖矢形,而不是半圆形,用骨架券结构,穹面分里外两层,中间是空的。穹顶是在建筑中突破精神专制的标志,借

图 10.2　佛罗伦萨主教堂

鉴了东欧小型教堂的手法,使用了鼓座,把穹顶全部表现出来,成了城市轮廓线的中心,是文艺复兴时期独创精神的标志。无论在结构上,还是施工上,这座穹顶的首创性的程度是很大的,这标志着文艺复兴时期科学技术的普遍进步。

二、罗马的文艺复兴建筑

意大利首都罗马受到西欧文艺复兴运动的影响,在建筑上也有不小的成就。其建筑追求雄伟、刚强、纪念碑式的风格;轴线构图、集中式构图经常被用来塑造庄严肃穆的建筑形象,建筑设计水平大有提高。

文艺复兴盛期建筑的纪念性风格的典型代表是罗马的坦比哀多,设计者是伯拉孟特。这是一座集中式的圆形建筑物,如图 10.3 所示,神堂外墙面直径 6.10 米,周围一圈多立克式的柱廊,16 根柱子,高3.6米。连穹顶上的十字架在内,总高为 14.70 米。集中式的形体、饱满的穹顶、圆柱形的神堂和鼓座,外加一圈柱廊,使建筑的体积感很强。建筑物虽小,但有层次的变化,有虚实的映衬,构图很丰富。环廊上的柱子,从下而上,一气呵成,浑然完整。坦比哀多的体积感、完整性和多立克柱式,使它十分雄健刚劲。

罗马的圣彼得大教堂是意大利文艺复兴最伟大的纪念碑,如图 10.4 所示。它集中了 16 世纪意大利建筑、结构和施工的最高成就。100 多年间,罗马最优秀的建筑师大都曾经主持过圣彼得大教堂的设计和施工。

图 10.3　坦比哀多

圣彼得大教堂的穹顶直径为 41.9 米,内部顶点高 123.4 米,几乎是万神庙的 3 倍。穹顶外部采光塔上十字架尖端高达 137.8 米,是罗马全城的最高点。

像众多古罗马的建筑一样,教堂的建设困难多多,杰出的建筑师伯拉孟特在圣彼得大教堂建造之初以希腊十字形设计大教堂主殿,8 年后被年轻的画家兼工程师拉斐尔修改,将大殿的希腊十字形建筑改为拉丁十字形建筑,并在正殿两边加了两个小礼拜堂。拉斐尔英年早逝,由古稀之年的米开朗琪罗对教堂的设计做了最后的修改,完成了正殿穹顶的雏形。米开朗琪罗去世后其他工程由波尔塔、马德诺、贝尔尼尼相继主持完成。圣彼得大教堂总共经历了 1300 多年的历史才完工,而这个建筑史正好与基督教发展壮大的过程同步,因此,圣彼得大教堂也就成了基督教发展史中的一部分。

(a)圣彼得大教堂鸟瞰图　　　　　　　　　　　(b)圣彼得大教堂正面

图 10.4　圣彼得大教堂

　　圣彼得大教堂的正面共有 8 根巨大的圆石柱和 4 根方石柱,分隔成 5 个大门。大门的上方有伸出和收进的阳台,以中间的祝福阳台为最大,它是教皇在重大节日向罗马以及全世界发表讲话的地方。

三、府邸建筑

　　美狄奇-吕卡尔第府邸是文艺复兴早期府邸的典型作品,如图 10.5 所示,其建筑师是米开罗佐。15 世纪下半叶,文艺复兴的新文化转向宫廷,染上了贵族色彩,大量的豪华府邸迅速建立起来。美狄奇-吕卡尔第府邸的墙垣,仿照中世纪一些寨堡的样子,形象很沉重。为了追求壮观的形式,沿街立面是屏风式的,墙垣全用粗糙的大石块砌筑,但是处理得比较精致;底层的大石块只略经粗凿,表面有起伏,但砌缝仍留有宽度;三层的石块光滑而不留砌缝。正立面是矩形的,上下左右斩截干净,冠戴檐口挑出深远,同整个立面的高度大致成柱式的比例,不再像中世纪的建筑那样自由活泼。窗子也是大小一致,排列整齐。内院则四周一致,不分主次,平面没有轴线。

　　佛罗伦萨的潘道菲尼府邸如图 10.6 所示,设计师是著名画家拉斐尔。立面水平线条被加强,窗框的设计精细,三角形窗檐和弧形窗檐相间,外墙抹灰光滑、细腻,大门上使用了厚重的石料,与墙面形成了鲜明的对比。底层的窗户下修建了矮墙,每一层的分界都使用了线脚,为这座建筑增添了稳定感。这些特征使潘道菲尼府邸区别于早期的三层立面、圆券式窗户的府邸建筑,展现出独特的魅力。

图 10.5　美狄奇-吕卡尔第府邸　　　　　　　　　图 10.6　潘道菲尼府邸

罗马的法尔尼斯府邸的主人是教皇保罗三世,是典型的文艺复兴盛期府邸。建筑使用三层石结构,布局整齐,周围环有券柱式围廊,内院的立面分三层,分别用不同形式的壁柱、窗裙墙和窗楣天花。

圆厅别墅如图 10.7 所示,帕拉第奥设计的圆厅别墅是文艺复兴晚期的代表作品。别墅的主要特点如下。第一,平面大多是长方形或者正方形,按照传统,以第二层为主,底层为杂务用房。稍大一点的府邸,将杂务用房设在离开主体的 2 个或者 4 个附属房屋里,对称布局,用廊子同主体连接。第二,主要的第二层划分为左、中、右三部分,中央部分前后划分为大厅和客厅,左右部分为卧室和其他起居房间,楼梯在三部分的间隙里,大致对称安排。第三,外形为简洁的几何体,主次分明,底层处理成基座层,顶层处理成女儿墙式的或者不高的阁楼;主要的第二层层高最高,正门设在这一层,门前有大台阶;窗子大,略有装饰;比较大一些的府邸,立面中央用巨柱式的壁柱或者冠戴着山花的列柱装饰,这也是立面构图的新手法。

图 10.7　圆厅别墅

四、文艺复兴城市广场的艺术特色

文艺复兴时期,市中心和广场是建设的重点。

佛罗伦萨的安农齐阿广场是文艺复兴早期最完整的广场,如图 10.8 所示。它是矩形的,在长轴的一面是初建于 13 世纪的一座安农齐阿教堂,广场的左侧是育婴堂,后来广场的右侧造了一所修道院。经过改造,安农齐阿广场的两面都是与育婴堂一样的轻快券廊,它们尺度宜人,风格平易,因此广场显得很亲切,建筑面貌单纯完整。教堂不高,主导地位不是很突出,广场中央加了一对喷泉和一座铜像,完全适应教堂的发券开间。铜像位于教堂的前部,强调了纵轴线,使得它的地位有所加强,从广场的入口处观赏,教堂给了它很好的衬托。

图 10.8　安农齐阿广场

　　罗马市政广场如图 10.9 所示,米开朗琪罗把市政广场面向西北,广场的正面是高 27 米元老院,广场右侧有一座档案馆,后来照档案馆的式样对称地在广场左面造了一座博物馆。广场中心有塑像,丰富了广场的层次。意大利中世纪时期的城市广场是不对称的,罗马市政广场是文艺复兴时期按轴线对称配置的广场之一。

图 10.9　罗马市政广场

　　圣马可广场如图 10.10 所示,圣马可广场是威尼斯的中心广场,包括大广场和小广场两部分,组成封闭的复合式广场。大广场为东西向,在教堂的对面,是宗教、行政和商业中心,呈梯形,长 175 米,东边宽 90 米,西边宽 56 m。东端是 11 世纪造的拜占庭式的圣马可教堂,教堂华丽多彩、轮廓丰富;北侧是旧市政大厦;南侧是新市政大厦;西端是一个两层的建筑物,把新旧两个市政大厦连接起来。同大广场相垂直的是小广场,南北向,也是梯形的,南端底边向大运河口敞开,小广场和大广场相交的地方,有一座 100 米高的方形钟塔,是广场的标志建筑,在构图上起着统一全局的作用。广场上还有其他一些次要的建筑物,广场四周采用外廊与威尼斯水城风光呼应。圣马可广场有节奏、有主题,建筑中心是圣马可教堂,与高耸的钟塔起对比作用。圣马可广场华美壮丽,亲切和谐,只供游览和散步,意大利人把圣马可广场叫作"露天的客厅"。

图 10.10　圣马可广场

五、建筑代表人物

　　文艺复兴时期,建筑界在新思潮的影响下得到了蓬勃的发展,产生了一些伟大的建筑师。

　　伯鲁乃列斯基是意大利早期文艺复兴建筑的奠基人。他出身于行会工匠,精通机械、铸工,是杰出的雕刻家、画家、工艺家和学者,在透视学和数学等方面都有过建树,他是多才多艺、学识广博的巨人,有强烈的时代感情,有创造新事物的自觉性。伯鲁乃列斯基创造了全新的建筑形象,如佛罗伦萨主教堂的穹顶及佛罗伦萨的育婴堂、巴齐礼拜堂等,为一个生气勃勃的时代开辟了道路。

伯拉孟特是意大利盛期文艺复兴建筑的奠基人。他也是多才多艺、学识广博的巨人,也具有强烈的时代感情,有创造新事物的自觉性。他出身平民,本是个画家,早期在米兰从事过建筑工作。他力求把高亢的爱国热情表现在建筑物上,建立时代的纪念碑。坦比哀多,成了文艺复兴盛期建筑的第一个代表作。在圣彼得大教堂的设计中,他满怀豪情地把超过古罗马的建筑成就作为目标。他的另一个重要作品是梵蒂冈宫的改建。

米开朗琪罗是意大利文艺复兴盛期的伟大雕刻家和画家,同时也是重要的建筑师。在他的雕刻和绘画作品中,充满着激越的热情、强大的力量和夸张的动态。他倾向于把建筑当雕刻看待,爱用深深的壁龛、凸出的线脚和小山花,贴墙作四分之三圆柱或半圆柱。他喜好雄伟的巨柱式,并用圆雕作装饰,强调的是体积感,不严格遵守建筑的结构逻辑。他的代表作品有罗马的圣彼得大教堂的穹顶、美狄奇家庙、劳伦齐阿纳图书馆的室内设计、罗马市政广场的布局及其两侧的博物馆和档案馆的立面。

拉斐尔是意大利文艺复兴盛期的伟大画家,他设计的建筑物和他的绘画一样,比较温柔雅秀,体积起伏小。他的主要作品有佛罗伦萨潘道菲尼府邸、玛丹别墅等。

维尼奥拉是意大利文艺复兴晚期的主要建筑师,对后世欧洲各国都有很大的影响。维尼奥拉曾经长期、深入地钻研古罗马的建筑。在 1562 年发表了他的《五种柱式规范》,后来成了欧洲建筑师的教科书,以后欧洲的柱式建筑,大多根据他定下的规范。维尼奥拉的影响主要在欧洲大陆,代表作品是尤利亚三世别墅。

帕拉第奥是意大利文艺复兴晚期的主要建筑师,对英国的建筑有很大的影响。1570 年,出版了他的主要著作《建筑四书》,其中包括关于五种柱式的研究和他自己的建筑设计。帕拉第奥母题是一种构图形式,在由两根大柱子所限定的开间的中央按适当比例发一个券,把券脚落在两根独立的小柱子上,小柱子距大柱子 1 米多,上面架着额枋。他的代表作品是圆厅别墅、奥林匹克剧场。

六、巴洛克建筑

17 世纪的意大利,文艺复兴建筑逐渐衰退,走向巴洛克式风格,这是意大利文艺复兴运动结束后发展起来的一种建筑和装饰风格,原意为"畸形的珍珠"(含贬义),是法国古典主义时期的艺术家们对其带有贬义的命名。

巴洛克式教堂的特点是:第一,炫耀财富,充满装饰,大量使用昂贵材料,富贵华丽、色彩鲜艳;第二,追求动感,强调曲线,充满动感的夸张建筑形态,用穿插的曲面和椭圆形空间来表现教堂;第三,建筑与雕塑、色彩与光线相互渗透;第四,城市与广场、建筑与园林趋向自然。

罗马的耶稣会教堂如图 10.11 所示,由维尼奥拉设计,是耶稣会的总堂,也是第一个巴洛克建筑。平面采用拉丁十字的巴西利卡形制,中厅加宽,在圣坛前建了一个穹顶以照亮圣坛,渲染了浓重的宗教气氛。立面上使用了双柱、叠柱、套叠的山花和卷曲的涡卷等做法。这种形制的教堂被耶稣会在各地普遍推广。

圣卡罗教堂如图 10.12 所示,是巴洛克建筑的代表作,由波洛米尼设计,平面基本上是椭圆形的,其四个向限往内扭曲,形成波浪形墙壁,然后在檐口架设半圆拱,连成一气。立面上波浪形檐部的前后高低起伏,凸面、凹面与圆形倚柱相互交织。教堂内部空间凹凸分明,富于动态感,顶部天花是几何形藻井,来自夹层穹隆的光线使室内光影变化强烈。

罗马圣安德烈教堂(见图 10.13)是巴洛克建筑大师贝尔尼尼设计的。平面为横向摆放的椭圆形,入口与圣坛相对,为椭圆的短轴,也确立了轴线的位置。长轴两侧由彩色大理石壁柱和几个小龛而非祈祷室组成。内部空间中的椭圆形穹顶非常突出,中心位置有天光照下。顶壁周圈上的一些小天使和大理石人物雕像以及圣坛上方的贴金的雕像都形态活泼,动感十足。立面上,打破 16 世纪与 17 世纪惯用的双层立面构图定式,以巨大的科林斯壁柱支撑着一个大山花,其内再由两根独立的爱奥尼立柱支撑着圆弧形门廊,充满强烈的动态感。

除此之外的巴洛克式教堂还有威尼斯的圣玛利亚·沙露教堂、罗马的康帕泰利·圣玛利亚教堂。

图 10.11　耶稣会教堂

图 10.12　圣卡罗教堂

图 10.13　圣安德烈教堂

巴洛克广场强调雕塑和喷泉的曲线与动态、空间互相渗透。

最重要的广场是圣彼得大广场,如图 10.14 所示,由圣彼得大教堂设计师贝尔尼尼设计。广场开阔壮观、轴线对称,采用半围合式平面,是椭圆形和梯形的两进广场。梯形广场作为教堂的入口广场,梯形增加了它的透视深度。椭圆形广场是广场的重心,长轴 340 米,短轴 240 米,地面用黑色小方石铺砌。椭圆形广场南北两端各有一条 148 米的圆柱回廊,柱式严谨,中心是方尖碑,两边是喷泉。

纳沃那广场是封闭性广场的代表,呈长圆形,如图 10.15 所示,中央立有从埃及侵占来的方尖碑,下面有四尊动态感强、轮廓复杂的雕像。广场以三座喷泉闻名于世,分别是四河喷泉、尼普顿喷泉和摩尔人喷泉。四河喷泉位于广场中央,是巴洛克建筑大师贝尔尼尼的杰作,主体由四座男子雕像环绕一座方尖碑构成,四座雕像分别代表世界 4 大洲的 4 条河:尼罗河、恒河、多瑙河、拉普拉多河。造型雄伟有力,气势磅礴,人物雕像动感强烈。尼普顿喷泉位于广场北段,由泡达创作。摩尔人喷泉位于广场南端,由泡达创作。中央摩尔人雕像是贝尔尼尼 17 世纪的作品。广场西侧的圣阿格尼斯教堂正对着四河喷泉,是波洛米尼的作品。

罗马波波洛广场如图 10.16 所示,为了造成通向全罗马的幻觉,广场设计成三条大道的出发点,主次轴线

图 10.14　圣彼得大广场鸟瞰

图 10.15　纳沃那广场

图 10.16　波波洛广场

明确,广场中间有方尖碑,前有一对形制相近的教堂。

西班牙大台阶位于罗马城内西班牙广场的底端,因历史上曾是西班牙驻意大利大使馆的所在地而得名,设计者是斯帕奇。台阶平面为花瓶形,共137阶,分12个不同的梯段,如图10.17所示。可由两段优美的圆弧曲线梯段到达顶部的街道广场上。在靠近弧形梯段的弧形栏杆的怀抱下,一座方尖碑拔地而起,成为大台阶与顶部圣三一教堂的过渡元素。

图10.17 西班牙大台阶

罗马的特莱维喷泉也称"许愿池""少女喷泉",由一组人物雕塑和几支喷射而出的水柱组成,如图10.18所示。喷泉的背景是一个宫殿的立面,中央为雕塑主体所依托的凯旋门,4根巨大的科林斯圆形壁柱将大门分为3间,门两侧各有三开间的宫殿外墙,上下两层窗上都有三角形或半圆形山花。整座喷泉无论是建筑还是雕塑都充满了力与美,是意大利巴洛克艺术晚期的代表作品,场面雄壮,充满生机。

图10.18 特莱维喷泉

从世界艺术史的发展来看,巴洛克建筑的出现,可以看作是对包括文艺复兴在内的欧洲传统建筑思想和设计理念的一次重大变革。尽管有许多畸形的特点,但它敢于冲破古希腊以来古典建筑所形成的种种清规戒律,对僵化的古典建筑的构图形式,如严格、理性、秩序、对称、均衡等建筑原则进行总体上的大反叛,开创了一代设计新风,因此可以说是继哥特式建筑之后欧洲建筑风格的又一次嬗变,尤其在追求自由奔放的格调,表达世俗情趣和讲究视觉效果等方面影响深远。

第二节　法国古典主义建筑

法国在 17 世纪到 18 世纪初的路易十三和路易十四专制王权极盛时期，开始竭力崇尚古典主义建筑风格，建造了很多古典主义风格的建筑。古典主义建筑造型严谨，普遍应用古典柱式，内部装饰丰富多彩。法国古典主义建筑的代表作是规模巨大、造型雄伟的宫廷建筑和纪念性的广场建筑群。

一、初期的变化

这一时期的古典主义建筑的建筑平面趋于规整，但形体仍复杂，世俗建筑占主导地位，散发着浓郁的中世纪气息。

商堡府邸如图 10.19 所示，是国王的猎庄，是国王统一全法国之后第一座真正的宫廷建筑物，也是国家的第一座建筑纪念物，代表着建筑史上一个新时期的开始。一圈建筑物围成一个长方形的院子，三面是单层，北面的主楼高三层。院子四角都有圆形的塔楼，主楼平面为正方形。

图 10.19　商堡府邸

阿赛-勒-李杜府邸如图 10.20 所示，三面临水。临水的立面相当简洁，大体量的几何形很明确，布局对称，突出中轴线。老虎窗、圆形的角楼和它们的尖顶形成对比，整个建筑和周围景色十分协调。

枫丹白露宫如图 10.21 所示，是法国历代统治者的行宫，由大批意大利艺术家与设计师共同建造，后又被拿破仑改建为文艺复兴建筑式样。枫丹白露宫以文艺复兴和法国传统交融的建筑式样及苍绿一片的森林而闻名于世。枫丹白露意为"蓝色美泉"，因有一股八角形小泉而得名，该地泉水清澈碧透。

二、绝对君权的纪念碑

古典主义建筑的极盛时期在 17 世纪下半叶，这时，法国的绝对君权在路易十四的统治下达到了最高峰。宫廷建筑是古典主义建筑最主要的代表。

卢浮宫在现在的巴黎市中心，主体两层，上有阁楼，柱式很严谨，几何性很强，如图 10.22(a) 所示。中央和两端向前凸出。卢浮宫东立面全长约 172 米，高 28 米，上下将一个完整的柱式分作三部分：底层是基座，高 9.9 米；中段是两层高的巨柱式柱子，高 13.3 米；再上面是檐部和女儿墙。主体是由双柱形成的空柱廊，简洁洗练，层次丰富。中央和两端各有凸出部分，将立面分为 5 段。两端的凸出部分用壁柱装饰，而中央部分用倚柱装饰，有山花，因而主轴线很明确。立面前有一道护壕，在大门前架着桥。左右分 5 段，上下分 3 段，都以中央一

图 10.20　阿赛-勒-李杜府邸

图 10.21　枫丹白露宫

段为主立面构图,在卢浮宫东立面得到了第一个最明确、最和谐的效果,如图 10.22(b)所示。这种构图反映着以君主为中心的封建等级制的社会秩序,它同时也是对立统一法则在构图中的成功运用,有主有从,各部分间有了对立,构图完整。卢浮宫东立面的构图运用了一些简洁的几何结构。中央部分宽 28 米,是一个正方形;两端凸出体宽 24 米,是柱廊宽度的一半;双柱与双柱间的中线距离为 6.69 米,是柱子高度的一半;基座层的高度约是总高的三分之一。卢浮宫的柱廊开间净空为 3.79 米,进深在 4 米左右,又因为用双柱,所以开间虽大但仍然强壮有力,并且造成了节奏的变化,使构图丰富。

凡尔赛宫如图 10.23 所示,建于路易十四时期,是法国绝对君权最重要的纪念碑,它不仅是君主的宫殿,而且是国家的中心。它巨大而傲视一切,用石头表现了绝对君权的政治制度,为建造它而动用了当时法国最杰出的艺术和技术力量。因此,它成了 17—18 世纪法国艺术和技术成就的集中体现者。凡尔赛宫原来有一座国王路易十三的猎庄,是三合院。

凡尔赛宫全宫占地 111 万平方米,其中建筑面积为 11 万平方米,向西有 25 个开间,中央 11 间有凹阳台,凹

(a)卢浮宫整体　　　　　　　　　　　　　　(b)卢浮宫东立面

图 10.22　卢浮宫

阳台之后,正中是国王的卧室,位置在旧府邸里,窗子对着三合院的院落。正宫东西走向,两端与南宫和北宫相衔接,形成对称的几何图案。宫殿气势磅礴,布局严密、协调。宫顶采用平顶形式,显得端正而雄伟。宫殿外壁上端,林立着大理石人物雕像,造型优美、栩栩如生。

　　府邸西面建有园林,如图 10.24 所示。园林面积 100 万平方米,中轴东西长 3 千米,园内树木花草的栽植别具匠心,景色优美恬静,令人心旷神怡。站在正宫前极目远眺,玉带似的人工河上波光粼粼、帆影点点,两侧大树参天、郁郁葱葱,绿荫中女神雕塑亭亭而立。正宫近处是两池碧波,沿池的铜雕塑丰姿多态,美不胜收。

图 10.23　凡尔赛宫的建筑　　　　　　　　　图 10.24　凡尔赛宫的园林

　　凡尔赛宫宏伟、壮观,它的内部陈设和装潢富于艺术魅力。皇家大画家、装潢家勒勃兰和大建筑师于·阿·孟莎合作建造了镜厅,厅长 76 米,高 13.1 米,宽 9.7 米,同西面的窗子相对,东墙上安装了 17 面大镜子,这些镜子由 400 多块镜片组成,得名"镜厅",如图 10.25 所示。这里是凡尔赛最主要的大厅,用于举行重大仪式。镜厅用白色和淡紫色大理石贴墙面,采用科林斯式的壁柱,柱身用绿色大理石,柱头和柱础是铜铸的,镀金,整个大厅的装修金碧辉煌,采用了大量意大利巴洛克式的手法。漫步在镜厅内,碧澄的天空、静谧的园景映照在镜墙上,满目苍翠,仿佛置身在芳草如茵、佳木葱茏的园林中。

　　恩瓦利德教堂如图 10.26 所示,也叫残废军人新教堂,由建筑师于·阿·孟莎设计,平面呈正方形,60.3 米见方,上面覆盖着一里外三层的穹隆顶。内部大厅呈十字形,四角上各有一圆形祈祷室。立面可分为两大段,上部穹隆高达 106 米,为构图中心,下部方正,本身构图完整,但又犹如前者的基座,外观庄严挺拔。恩瓦利德教堂现为军事博物馆,拿破仑的石棺便停放于此。

　　旺道姆广场如图 10.27 所示,是充满纪念色彩的封闭形广场,由于·阿·孟莎设计。广场平面呈长方形,四角抹去。广场上的建筑是三层的,底层有券廊,廊里设店铺,上两层是住宅,外墙面做科林斯式的壁柱,配着底层重块石的券廊,是古典主义建筑的典型构图。广场纵横两个轴线的交点上,立着纪功柱,顶端立有拿破仑雕像。

图 10.25　凡尔赛宫的镜厅

图 10.26　恩瓦利德教堂

图 10.27　旺道姆广场

三、君权衰退和洛可可

18 世纪初,法国的专制政体出现了危机,经济面临破产,宫廷糜烂透顶。英国资产阶级革命极大地影响了法国资产阶级。悠闲而懒散的贵族文化艺术是妖媚柔靡、逍遥自在的。这种新的文学艺术潮流称为"洛可可",洛可可艺术的原则是逸乐。

在建筑上,洛可可风格主要表现在室内装饰上,形式是更柔媚、更温软、更细腻也更琐碎纤巧的风格。和巴洛克风格不同,洛可可风格在室内排斥一切建筑母题。壁柱改用镶板或者镜子,四周用细巧复杂的边框围起来。凹圆线脚和柔软的涡卷代替了檐口和小山花。丰满的花环不用了,用纤细的璎珞。线脚和雕饰都是细细的、薄薄的,没有体积感。墙面大多用木板,漆白色,后来又多用木材本色,打蜡。室内追求优雅、别致、轻松的格调,装饰题材有自然主义的倾向。最爱用的是千变万化的舒卷着、纠缠着的草叶。此外还有蚌壳、蔷薇和棕榈,它们还构成撑托、壁炉架、镜框、门窗框和家具腿等。构图也完全不对称,流转变幻,趋烦冗堆砌。颜色上爱用娇艳的颜色,如嫩绿、粉红、猩红等,线脚是金色的,顶棚上涂天蓝色,画着白云。

洛可可风格的法国南锡广场群如图 10.28 所示,标志着法国的城市广场突破了空间的界限,开始和外面的大自然呼应了,变得更加轻松活泼起来,这正是洛可可建筑艺术所追求的。南锡广场群由三个广场串联起来,北边是王室广场,南边是路易十五广场,中间是一个狭长的跑马广场,南北总长大概 450 米,建筑物按照纵向轴线对称排列,它的设计人是勃夫杭和埃瑞·德·高尼。王室广场的北边是长官府,两边伸出券廊,南端连接跑马广场两侧的房屋,广场南端有一座凯旋门,门外有一条河。一条东西向的大道横穿广场,形成了横向轴线,在纵横轴线的交点上有路易十五的立像,面向北边。路易十五广场的南边是市政厅,其他三面都有建筑物,广场建筑群的景色很丰富,建筑处理差别也较大。

图 10.28　南锡广场群

巴黎协和广场如图 10.29 所示,位于巴黎市中心的塞纳河北岸,是法国最著名的广场和世界上最美丽的广场之一。广场始建于 1757 年,因广场中心曾塑有路易十五骑像,1763 年曾命名为"路易十五广场",法国大革命时期又被改名为"革命广场",1795 年又将其改称为"协和广场"。广场南北长 245 米,东西宽 175 米,四角微微抹去。它的界限,完全由一周 24 米宽的堑壕标出,壕深 4.5 米,靠广场一侧,有 1.65 米高的栏杆,8 个角上各有一尊雕像,象征着法国 8 个主要的城市,广场上还有 2 座喷泉,广场中央是一座高高的方尖碑。站在广场上向四周望去,南面是塞纳河,一座大桥横跨河上,过了桥可以望见一座金碧辉煌的建筑,这就是国民议会大厦。广场北面是 2 座古典式建筑,东面是杜乐丽花园及其后面的卢浮宫,西面就是著名的香榭丽舍大街,远处尽头就是凯旋门。

图 10.29　巴黎协和广场

第三节　欧洲其他国家的建筑

16—18 世纪,欧洲各国的资本主义制度先后萌芽,政治、经济发生重大转折,各国建筑发展不同,建筑的特点各异,但均因资本主义的产生而变化。各国不同程度地受意大利文艺复兴、巴洛克和法国古典主义建筑的影响。其中,尼德兰、西班牙、德国、英国和俄罗斯取得了较大的建筑成就,但与意大利和法国相比则小得多。

一、尼德兰的建筑

16 世纪之后,尼德兰的市民建筑除增加一些柱式细节和手法之外,以红砖为墙,以白石砌角隅、门窗框、分层线脚和雕饰。17 世纪中叶,在法国建筑文化影响下,在 16 世纪以来的市民建筑基础上,尼德兰形成了自己的古典主义建筑。

这种建筑物横向展开,以叠柱式控制立面构图,以水平分划为主,形体简洁,装饰很少。但它的传统特点依然很明显,以红砖为墙,而细部用白色石头,色彩明快。1566 年,尼德兰发生了民主革命,建立了荷兰联省共和国,在 17 世纪成了欧洲资产阶级的思想中心之一。革命前后,为适应资本主义的发展和它的民主制度,建造的主要建筑物为市政厅、交易所、钱庄和行会大楼。意大利和法国的建筑对尼德兰都有影响,但尼德兰在中世纪时其市民文化就相当发达,相应的世俗建筑的水平很高,所以,它有着自己独特的传统。

行会大厦如图 10.30 所示,因为尼德兰沿街的地段很宝贵,行会大厦的正面一般很窄,进深很大,以山墙作为正面,屋顶很陡,里面有两三层阁楼,所以山花上有几层窗子。屋顶为木构架,比较轻。除屋顶阁楼外,一般有三四层,主要的大会议厅在二层。到了 16 世纪,有了一些柱式的细部,水平分划加强了山花上形成的几个台阶式水平层。

荷兰古达市政厅如图 10.31 所示,以山墙为正面,从中央的券门进去,一道走廊直穿整个建筑物。在山花上,沿着屋顶斜坡,做一层一层台阶式的处理。每一级都用小尖塔装饰起来。

安特卫普市政厅以长边为正面,向街道或广场展开,共有 4 层,如图 10.32 所示。底层用重块石做成基座层,以上 3 层用叠柱式,做水平分划,窗子很大,占满开间。顶层较矮,做外廊。中央 3 开间向前突出,上面做台阶式的山花,装饰着方尖碑和雕像。它的垂直形体和两侧水平展开的形体产生对比,很生动。中央部分占主导地位,统率整个立面,共同的水平分划又把中央部分和两个侧翼联系在一起。

二、西班牙的建筑

西班牙建造了哥特式天主教堂,在世俗建筑中,盛行将阿拉伯的伊斯兰建筑装饰手法和意大利文艺复兴的

图 10.30　行会大厦

图 10.31　古达市政厅

图 10.32　安特卫普市政厅

柱式结合,形成西班牙独特的建筑装饰风格,名为"银匠式"。

　　西班牙城市住宅建筑的形式为砖石建造的封闭的四合院,常为两层,院子四周为廊子,多用连续券,廊内墙面多用白色粉刷,窗子小而不多,形状和大小不一,排列不规则。栅栏门、窗口的格罩、墙角的灯架等,用铸铁制作,图案和工艺都很细巧精美,千变万化。这种建筑风格就是银匠式,早期叫哥特银匠式,后期叫伊萨培拉银匠式。

　　代表建筑有贝壳府邸,如图 10.33 所示,哥特银匠式风格,墙面上雕着贝壳。还有阿尔卡拉·德·海纳瑞大学,如图 10.34 所示,伊萨培拉银匠式风格,立面构图严谨,水平分划明确。

　　西班牙的宫殿建筑和世俗建筑不同,多采用意大利文艺复兴建筑样式。

　　埃斯库里阿尔宫殿是宫殿建筑的典型,其建造目的主要是为皇族建造陵墓,纪念对法国的圣关丹战役的胜利,同时也纪念圣徒劳伦塞,维护天主教的权威。宫殿平面布局分六个主要部分,如图 10.35 所示,西面正中进门是一个大院子,它后面是一座希腊十字式的教堂。前院之南是修道院,之北是神学院和大学。教堂南面是一个庭院,北面是中央政府机关之类。皇帝的居住部分在教堂圣坛的东面。

图 10.33　贝壳府邸

图 10.34　阿尔卡拉·德·海纳瑞大学

　　西班牙的教堂流行巴洛克式,代表有圣地亚哥·德·贡波斯代拉教堂,如图 10.36 所示,平面采用拉丁十字,教堂西面有一对钟塔,保持哥特式的构图,但是钟塔又完全用巴洛克式的手法。

图 10.35　埃斯库里阿尔宫殿

图 10.36　圣地亚哥·德·贡波斯代拉教堂

三、德国的建筑

　　德国由于宗教改革失败,经济衰落,文化保守,保留中世纪的风格,建筑地方性强。16 世纪初德国的市民住宅,平面布置不整齐,但体形很自由。构件外露,安排得疏密有致,装饰效果很强。屋顶陡,建有阁楼,开着老虎窗。这些住宅的风格亲切、活泼、美丽。16 世纪末叶德国的建筑形式发生了变化,意大利风格的影响加强,柱式被采用了,构图趋向整齐,风格趋向一致,涡卷和小山花成了重要的装饰题材。建筑质量有所提高,宫殿规模大一些。到了 18 世纪,德国的建筑室内设计达到很高水平,利用大楼梯的形体变化和空间穿插,配合绘画、雕刻和精致的栏杆,形成富丽堂皇的气派。洛可可风格在德国变得毫无节制,一些教堂里,巴洛克和洛可可的题材、手法和样式混合在一起,尤其恣纵无度。主要建筑代表有不莱梅市政厅(见图 10.37)和阿夏芬堡宫(见图 10.38)。

图 10.37　不莱梅市政厅　　　　　　图 10.38　阿夏芬堡宫

四、英国的建筑

庄园府邸是英国 16 世纪的代表性建筑物,大型府邸起初都是四合院式的,一面是大门和次要房间,正屋是大厅和工作办事用房,起居室和卧室在两厢。后来,大门这一面没有了,只留下一道围墙和栏杆。再后来,两厢也渐渐退化成为集中式大厦的两端的突出体,平面设计有进步,减少套间,注意房间之间的联系。

都铎风格是 16 世纪上半叶庄园府邸的一种建筑风格。室内爱用深色木材做护墙板,顶棚用浅色抹灰,做曲线和直线结合的格子,格子的中央垂一个钟乳状的装饰。一些重要的大厅用华丽的锤式屋架,由两侧向中央逐级挑出,逐级升高,每级下有一个弧形的撑托和一个雕镂精致的下垂的装饰物。

17 世纪初的宫廷建筑占英国建筑的主导地位。格林尼治女王宫是一个帕拉第奥风格的建筑物,外形是简单的六面体,方方正正,完全没有中世纪建筑的痕迹。

五、俄罗斯的建筑

16 世纪,俄罗斯产生了既不同于拜占庭又不同于西欧的最富有民族特色的纪念性建筑,达到了很高的水平。

华西里·伯拉仁内教堂由 9 个墩式教堂组成,由大平台把它们联合成整体。中央一个墩子,冠戴着帐篷顶,形成垂直轴线,统率着周围 8 个小一些的墩子。8 个小墩子都为葱头形的穹顶,如图 10.39 所示。穹顶的形

图 10.39　华西里·伯拉仁内教堂

式和颜色各不相同。教堂用红砖砌造,细节用白色石头,穹顶以金色和绿色为主,夹杂着黄色和红色。华西里·伯拉仁内教堂是世界建筑史中的不朽珍品之一。

冬宫是 18 世纪中叶俄罗斯巴洛克式建筑的杰出典范,如图 10.40 所示,是一座三层楼房,长约 230 米,宽140 米,高 22 米,呈封闭式长方形,占地 9 万平方米,建筑面积超过 4.6 万平方米。最初冬宫共有 1050 个房间,117 个阶梯,1886 扇门,1945 个窗户,飞檐总长近 2 千米。冬宫的四面各具特色,但内部设计和装饰风格则严格统一。面向宫殿广场的一面,有三道拱形铁门,入口处有阿特拉斯巨神群像。宫殿四周有两排柱廊。宫殿装饰华丽,许多大厅用俄罗斯宝石——孔雀石、碧玉、玛瑙制品装饰。

图 10.40　冬宫

思考题

1. 被称为文艺复兴的第一朵报春花的佛罗伦萨主教堂的穹顶是由谁设计的?
2. 罗马圣彼得大教堂的穹顶是由谁完成的?
3. 电影《罗马假日》中出现的背景——西班牙大阶梯是什么风格的广场?
4. 请简述巴洛克风格建筑的主要特征。
5. 请简述洛可可风格建筑的主要特征。

第十一章　欧美资产阶级革命时期的建筑

欧美资产阶级革命时期是指从英国 1640 年爆发的资产阶级革命到 18 世纪下半叶的工业革命阶段。此时欧洲发展很不平衡,100 多年内,法国、奥地利、俄罗斯刚进入绝对君权鼎盛时期,德国、意大利处于分裂状态,西班牙却还笼罩在耶稣会的中世纪式的统治中。

18 世纪中叶,启蒙运动在法国形成中心,继而在 1789 年爆发资产阶级革命。1775 年,美国发起独立战争,更促进了欧洲的革命。建筑路线分为两条:一是以英国为代表的城市建筑资本主义化,二是以法国为主线的反映鲜明的革命风格的建筑类型。

19 世纪中叶,革命热情冷却后,资产阶级创造了大量财富,建筑风格混乱,新的建筑类型丰富起来,新旧观念和新材料技术的矛盾,使建筑走向全新的历史阶段。

第一节　英国资产阶级革命时期的建筑

英国的资产阶级的力量有许多是从封建贵族转化过来的,这就决定了它的妥协性和不彻底性,缺乏创造新文化的自觉性,把法国宫廷倡导的古典主义文化当作榜样。

圣保罗大教堂是英国资产阶级革命的纪念碑。大教堂是宗教建筑,以壮观的圆形屋顶而闻名,是世界第二大圆顶教堂,它模仿罗马的圣彼得大教堂。教堂是少数设计和建筑分别仅由一人完成的建筑之一。圣保罗大教堂当时是英国国教的中心教堂,被誉为古典主义建筑的纪念碑。教堂平面为拉丁十字形,高约 112 米,宽约 74 米,纵深约 157 米,十字交叉的上方有两层圆形柱廊构成的高鼓座,其上是巨大的穹顶,直径 34 米,有内外两层,可以减轻结构重量。两旁仍有两座有明显哥特遗风的钟塔。穹顶和鼓座采用坦比哀多的构图法则,非常雄伟,如图 11.1 所示。内部空间宏大开阔,圆顶下的诗班席是教堂中最华丽庄严之处,天花板上的绘画细腻精致。戴安娜与查尔斯的婚礼大典就在此举行。

(a)圣保罗大教堂外部　　　　　　　　　　　　(b)圣保罗大教堂内部

图 11.1　圣保罗大教堂

18 世纪英国的庄园府邸追求豪华、雄伟、盛气凌人的风格,并追随意大利文艺复兴柱式规范和构图原则,忽视使用功能,缺乏创造性和现实感。

勃仑南姆府邸是最著名的府邸,如图 11.2 所示,全长 261 米,其中主楼长 97.6 米。主楼的第一层是大厅,装饰着科林斯式柱子、壁龛和雕像。大厅后面是沙龙,朝向一座水景花园。左右是主要的卧室和起居室,楼梯在大厅的两侧。府邸的外立面采用石墙面,巨柱式装饰,追求刚劲、沉重的体量感。

图 11.2　勃仑南姆府邸

第二节　法国资产阶级革命时期的建筑

法国的资产阶级革命比英国的更激烈、更彻底。1804 年,大资产阶级代表拿破仑称帝,对全欧洲发动了战争。1815 年,拿破仑帝国覆灭,旧王朝复辟,建立了君主立宪制。这场激烈争斗也席卷了建筑领域。

拿破仑政权在国内大力发展资本主义制度,在国外,用战争扫除欧洲的封建主义势力,为法国的资本主义发展创造了较好的国际环境。这一时期开展了大规模的建筑活动,主要表现在两个方面:一是商店与公寓建筑,二是纪念性建筑。

一、启蒙运动改变建筑风格

启蒙运动以 18 世纪的法国为中心,武器是理性的批判,理论基础是自然科学,对古希腊建筑发生兴趣,希望在建筑中找到体现民主共和理想的完美形式;提出"高贵的简洁"是建筑的生命,批判所有无用的装饰;提倡建筑的真实,真实的美在于简单的合乎功能的结构;批判古典主义蔑视自然的思想,认为几何形的园林是反自然的、冷漠的,提出建筑要具有人性、个性,要解放感情;反对古典主义建筑的装腔作势,反对洛可可矫揉造作、烦冗的装饰手法。

二、法国建筑的革新

这一时期法国的建筑风格普遍趋向简洁壮观,排除浮华和纤秀的装饰,关键的古典主义横三段纵五段的立面构图也被抛弃。希腊风流行,如巴黎万神庙等。室内设计也发生了变化,开始净化空间,常采用简洁背景和平直构图,以及和谐的比例,门窗平稳有序的排列等方式。

巴黎万神庙如图 11.3 所示,是法国资产阶级革命时期最大的建筑物,启蒙主义思想指导下的重要建筑。建筑宽 83 米,进深方

图 11.3　巴黎万神庙

向 110 米,基本为希腊十字形平面。

帝国风格建筑主要是在拿破仑帝国的纪念性建筑物上形成的风格,如玛德莲教堂(巴黎军功庙)、雄师凯旋门。

巴黎军功庙本来是座教堂,但被拿破仑改为纪念大军荣光的神殿,拿破仑死后,建筑改名为玛德莲教堂。建筑正立面宽 43 米、高 30 米、全长 107 米,体量巨大,如图 11.4 所示。

图 11.4　玛德莲教堂(巴黎军功庙)

雄师凯旋门如图 11.5 所示,规模很大,建筑高 50 米,宽 45 米,进深方向 22 米,是世界上首屈一指的纪念性建筑。虽然雄师凯旋门遵循了古罗马凯旋门的形制,但在立面构成上,取消了壁柱,以巨型雕刻作为立面的主要构成要素;也没有柱子,更没有线脚,墙上的浮雕尺度也十分巨大,高 5～6 米。整个凯旋门在星形广场中央,居高临下,的确显示出独有的浑厚的重量感。

图 11.5　雄师凯旋门

第三节　18—19 世纪的西欧与美国建筑

英国资产阶级革命时期,欧洲建筑活动非常活跃,普遍建造大批公共建筑,柏林、维也纳、布达佩斯、彼得堡相继形成中心。城市建筑、公共建筑、商业建筑、住宅建筑大量兴建,大城市面貌迅速改观。

19 世纪上半叶,拿破仑战争摧垮各国封建主义,激发各国人民的民主意识,各国都开始了资本主义改革,经济水平不断提高,为建筑的全面革新提供了思想基础和物质基础。英国是掀起新一轮建筑改革高潮的国家,庄园和府邸建筑宣告结束。在 18 世纪下半叶至 19 世纪中叶,英国最先发起希腊复兴和罗马复兴。19 世纪 30—70 年代,浪漫主义在英国形成潮流,另外折中主义也越来越突出。这段时期的主要潮流包括希腊复兴、罗马复兴、哥特复兴和折中主义等形式。19 世纪下半叶,欧美的经济发展突破了国家的界限,大工业生产模式到来,出现的钢铁、钢筋混凝土继而彻底改变了建筑面貌,新材料创造出全新的建筑结构,工业革命的发展抛弃了所有旧的传统模式,翻开了建筑史新的宏伟篇章。

一、古典复兴建筑

(一) 罗马复兴

英国引进了法国启蒙主义,仰慕古罗马共和政治,城市规范也被采用,成为潮流。罗马复兴最早表现在巴斯城的建设。英格兰银行是英国罗马复兴的代表建筑,如图 11.6 所示。美国罗马复兴的代表建筑是美国国会大厦,如图 11.7 所示。

图 11.6　英格兰银行

图 11.7　美国国会大厦

(二) 希腊复兴

英法战争中,为与法国提倡的古罗马风格对抗,英国把思想倾向转向希腊。希腊复兴追求的核心理念是重新发现多立克柱式的粗犷美和爱奥尼柱式的华丽美,崇尚古典建筑的简单形体和纯洁高贵。大英博物馆如图 11.8所示,是英国希腊复兴的代表建筑。德国柏林的勃兰登堡门如图 11.9 所示,宫廷剧院如图 11.10 所示,是德国希腊复兴的代表建筑,其中勃兰登堡门是德国柏林的象征。

图 11.8　大英博物馆

图 11.9　柏林的勃兰登堡门

(三) 浪漫主义建筑

浪漫主义又称"哥特复兴",19 世纪 30—70 年代是其极盛时期,和其他古典复兴建筑一样,也是复古的风格,主要流行在英国、德国,其他地区也有一些代表性建筑,最著名的是英国的议会大厦。英国议会大厦又称威斯敏斯特宫,如图 11.11 所示,外立面以哥特风格的小尖塔为基本构图元素并以此决定建筑的外观特征。大厦

图 11.10　柏林的宫廷剧院

图 11.11　英国议会大厦

西南边建有维多利亚塔,平面呈正方形,每边长 23 米,塔高 102 米;大厦西北角建有大钟塔,高 100 米。

二、折中主义建筑

　　折中主义是 19 世纪上半叶兴起的另一种创作思潮,在 19 世纪末和 20 世纪初在欧美盛行一时。折中主义为了弥补古典主义和浪漫主义在建筑上的局限性,任意模仿建筑历史上的各种风格,或自由组合各种样式,所以也称为"集仿主义"。特点是没有固定的风格,也无一定的规律可循,讲究比例的权衡与推敲,沉醉于形式美。折中主义在欧美影响时间长,中心由法国转向美国。

　　巴黎歌剧院如图 11.12 所示,是法国折中主义建筑的代表。巴黎歌剧院长 173 米,宽 125 米,建筑面积约 11 400 平方米,可容纳约 2160 名观众,是现代主义建筑时代之前,世界上规模最大、功能最完善、装饰最华丽的剧院建筑。建筑将古希腊罗马式柱廊、巴洛克等几种建筑形式完美地结合在一起,规模宏大、精美细致、金碧辉煌,是一座绘画、大理石和金饰交相辉映的剧院,给人以极大的享受。

图 11.12　巴黎歌剧院

思 考 题

1. 巴黎歌剧院是法国的重要纪念物,作为＿＿＿＿＿＿主义的代表作,对欧洲各国影响很大。
2. 请简述英国圣保罗大教堂的建筑特点。
3. 什么是浪漫主义建筑风格?
4. 什么是折中主义建筑风格?

第十二章　亚洲封建社会建筑

亚洲的封建社会同欧洲的有很大不同。欧洲在中世纪完全处于封建分裂状态,而在亚洲,却都先后建立过中央集权的统一的大帝国。由于这些差异,亚洲的宫廷文化的影响比欧洲大得多;另一方面,市民意识在重要的亚洲建筑中几乎无所表现,偶尔有淡薄的一抹,显现出来的也是消极的庸俗色彩。

亚洲的封建时代的建筑主要分三大片。一片是伊斯兰世界,包括北非和有一半在欧洲的土耳其;一片是印度和东南亚;一片是中国、朝鲜和日本。

第一节　伊斯兰国家的建筑

7 世纪中叶,阿拉伯人占领了叙利亚、两河流域、中亚、埃及和北非。在这个广大的地域内,居民普遍皈依了伊斯兰教,主要建筑类型有清真寺、陵墓、宫殿等。清真寺与住宅形制类似,普遍使用券拱结构、封闭式庭院,周围有柱廊,院落中有洗池,朝向麦加方向做成礼拜殿。

一、早期的清真寺

阿拉伯人本来是游牧民族,没有自己的建筑传统。他们向外扩张时,先占领了叙利亚,第一个王朝首都建在大马士革,因此,他们就用当地的基督教堂做清真寺,它们是巴西利卡式的。基督教堂的圣坛在东端,而伊斯兰教仪式要求礼拜时面向位于南方的圣地麦加。因此,现成的巴西利卡就被横向使用。长期沿袭,成了定式,使得后来新建的清真寺都采用横向的巴西利卡的形制。

早期,最大的清真寺是大马士革的大清真寺,如图 12.1 所示,是世界上最大、历史最悠久的清真寺之一,围墙东西长 385 米,南北长 305 米。清真寺在院子正中,东西长 157.5 米,南北长 100 米,四角有方塔,大殿靠南,净空 136 米×37 米。这所清真寺后来成了各地清真寺的范本。

图 12.1　大马士革的大清真寺

二、集中式纪念性建筑

中亚、伊朗的建筑在中世纪独树一帜,乃是因为它们普遍采用拱结构和集中式构图。集中式形制首先由陵墓继承。早期的墓比较简单,方形的体积上戴着穹顶,四个立面大致相同。11世纪之后,渐渐开始强调一个正面,形成了中亚和伊朗纪念性建筑最重要的特征。撒马尔罕城外的沙赫-辛德陵园里的大多数陵墓属于这一类,如图12.2所示。

撒马尔罕的帖木儿墓如图12.3所示,帖木儿墓造在一所清真寺的圣龛后面,凿开圣龛作为墓门。墓室是十字形的,外廊为八角形。正面正中采用高大的凹廊,抹角斜面上为上下两层的凹廊。鼓座高8~9米,把穹顶举起在八角形体积之上,穹顶外层高35米以上,显得格外饱满。

图12.2 沙赫-辛德陵园里的陵墓

图12.3 帖木儿墓

伊朗和中亚中世纪时最重要的纪念性建筑物是清真寺。起初清真寺的形制来自叙利亚,后来受到波斯的影响,形成了新的、适应当地特点的清真寺形制。清真寺都有塔,顶上有小小的亭子,代表建筑是撒马尔罕的比比-哈内姆大清真寺,如图12.4所示,在帖木儿时代被公认为东方最雄伟的建筑物。比比-哈内姆大清真寺主礼拜堂的穹顶外径为18米,顶点高40米,外表贴淡青色彩釉面砖。比比-哈内姆大清真寺的平面为宽99米、进深140米的长方形,中间是中厅,西边是主礼拜堂,大门在东侧。在寺的南北两侧,有两个由穹顶覆盖的副礼拜堂,中厅四周是由480根柱子支撑的厅和围廊,其屋顶由许多小穹顶组成。

17世纪的伊斯法罕的皇家清真寺规模很大,这座清真寺也是伊朗中世纪建筑的最高代表,如图12.5所示,位于城市中心的皇家广场,是四周用围廊围成的巨大庭院式建筑,长512米,宽159米,主要穹顶高达54米,是建筑构图的中心。

三、土耳其的清真寺

土耳其被称为小亚细亚,早在古希腊时期已很繁荣,后建立了东罗马拜占庭帝国。1453年,土耳其人攻占了东罗马,建都君士坦丁堡,改名为伊斯坦布尔,建立了奥斯曼帝国。东罗马信奉东正教,所以土耳其的伊斯兰教建筑有东正教建筑的传统,主要表现为集中式、圆穹顶、帆拱等建筑特征。

土耳其清真寺的代表为蓝色清真寺,如图12.6所示,即伊斯坦布尔的苏丹艾哈迈德清真寺,建于1609—1616年,是土耳其的国家清真寺,清真寺内的墙壁全部用蓝、白两色的依兹尼克瓷砖装饰。周围有6个尖塔,大

图 12.4　比比-哈内姆大清真寺

图 12.5　伊斯法罕的皇家清真寺

圆顶直径达 27.5 米,另外还有 4 个较小的圆顶及 30 个小圆顶。在土耳其上方从空中往下看,清真寺被包围在一片葱茏的树木中,6 个高高耸立的尖塔分 3 排对称地立于长方形寺院的 4 角和中腰,主殿上是层次分明、大小不一的大圆顶,后院则是大小和形状都一样的小圆顶。

另一座著名的清真寺是苏莱曼清真寺,如图 12.7 所示,建于 1550—1556 年,平面布局仿圣索菲亚大教堂。苏莱曼清真寺有 4 个尖塔,主体呈长方形。礼拜殿由前厅、正厅、侧厅组成,用 3 个大跨度的拱顶连为一体,富丽堂皇、色彩和谐。殿上正中覆盖着大圆顶,直径 31 米,由 4 根方柱支撑的 4 个人字形的拱门作承托。大圆顶的四面连着更多的半圆小屋顶,这些小圆顶建在大殿的四角上。寺内的墙壁和布道坛全部由雕刻精美的白色大理石制成,与窗户上的彩色玻璃相映生辉。

图 12.6　苏丹艾哈迈德清真寺

图 12.7　苏莱曼清真寺

第二节　印度次大陆和东南亚的建筑

印度河和恒河流域,早在公元前三千多年就有了相当发达的文化,公元前 5 世纪末,产生了佛教,6—9 世纪,印度形成了封建制度,婆罗门教又重新开始排斥佛教,后来佛教逐渐转化为印度教。宗教建筑成了当时建筑水平的主要代表。

一、印度建筑

(一) 佛教建筑

大力提倡佛教的孔雀王朝在公元前三世纪中叶几乎统一了整个印度,国力强大,经济繁荣,这时期的佛教建筑物主要是埋葬佛陀或圣徒骸骨的窣堵坡和信徒们苦修的僧院。

最大的一个窣堵坡在桑契,如图12.8所示,大约建于公元前250年。它的半球体直径32米,高12.8米,立在4.3米高的圆形台基上,半球体是用砖砌成的,表面贴一层红色砂石。

图12.8 桑契大窣堵坡

佛教提倡遁世隐修,僧徒们建造了许多石窟僧院,叫毗诃罗;旁边建有石窟,用于举行宗教仪式,叫支提。印度现存支提中最大的是卡尔里的支提,深37.8米,宽14.2米,高13.7米。

(二) 婆罗门教建筑

10世纪,婆罗门教兴起,印度建立了大量的婆罗门教建筑,其主要形式因地域不同而有所区别。

在印度北部,婆罗门教庙宇分为三个部分:门厅、神堂和神堂上方的塔。主要代表是康达立耶-马哈迪瓦庙,如图12.9所示。塔高35.5米,塔顶较尖,是北方最著名的婆罗门教庙宇。它独立在旷野中,体现了婆罗门教庙宇没有院落的典型特征。庙宇主要包括大厅、神堂和高塔,遵照轴线对称原则挺立在高高的台基上。方形的大厅是死亡和再生之神湿婆的本体,密檐式的顶子代表地平线。作为性力派的庙宇,高塔塔身充斥着以性爱为主题的雕刻。

印度南部的庙宇与北方的庙宇大体相似,不过,塔身呈方锥形,棱角分明,显然是从多层楼阁演变而来的。代表建筑有提路凡纳马雷庙和玛玛拉普兰的海滨庙。玛玛拉普兰的海滨庙如图12.10所示,是最著名的南部婆罗门教庙宇,塔突出体现了南部庙宇的特征。庙宇由大厅和神堂上的两座高塔组成,不是整块巨石雕琢而成,而是采用花岗岩石块构筑,建筑工程技术水平很高。最大的塔高出水面16米,作为再生神湿婆的本体,塔身布满关于死亡和湿婆的雕刻。前面的小塔为守护神毗湿奴的本体,同样刻满了密密麻麻的雕像。两塔之间的小型神堂供有男性生殖器像,面朝西方。两座高塔均呈方锥形,线条高耸陡峭。神庙前有一条圣羊夹道的神

图12.9 康达立耶-马哈迪瓦庙

图12.10 玛玛拉普兰的海滨庙

路,与古埃及阿蒙神庙前的圣羊神路非常相像,只不过,这里的圣羊是面迎来者的。海滨庙的基底深入海水,整座庙宇犹如一座在海上漂浮的圣所,汲取了天海合一的自然神息。

在印度中部,庙宇四周有柱廊,中间是僧舍,院子中央有台基,主要建筑代表有桑纳特浦尔的卡撒瓦庙,如图 12.11 所示。与北部婆罗门教庙宇最大的不同是,这座中部庙宇四周围绕着一圈柱廊,形成院式布局。院中铺展开庞大的台基,托起庙宇的五座神堂。五座神堂结构相似,中心为点,对称分布。正中设有一间柱厅,后接神堂。柱厅和神堂构成三位一体的神的本体。塔身上隆起一道道粗壮的脊线,满刻的雕饰令脊线显得更加饱满。放射状的星形样式贯穿着整座庙宇。庙宇细部刻满了妖娆的曲线图案,还有各式奇异精妙的神兽。

图 12.11　桑纳特浦尔的卡撒瓦庙

(三)伊斯兰建筑

泰姬·玛哈尔陵如图 12.12 所示,建造于十七世纪印度强大的莫卧儿王朝。当时,印度已经吸收了中世纪伊斯兰建筑的辉煌成果,并在几百年时间里进行了完善、发展。

泰姬·玛哈尔陵南北长 580 米,东西宽 305 米,陵墓外围以红砂石围墙,外观宏伟,从远处可以看到陵墓高大雄伟的穹顶和塔柱。陵墓的大门朝南,墓区内建筑对称布局,从南向北,依次是莫卧儿花园、水道、喷水池、陵墓主体和左右两座清真寺。泰姬·玛哈尔陵的正门是一座红砂岩建筑,装饰有白色框和图案,是典型的伊斯兰建筑风格。泰姬·玛哈尔陵的主体建筑是不规则的八角形,基部为正方形和长方形的组合,建筑的中央有半球圆顶,周围装饰着四座小圆顶。整个建筑用白色大理石建造,大理石上装饰有各种颜色的宝石、水晶、翡翠、孔雀石等,镶嵌拼缀成不同的花纹和图案,正面门扉上刻着优美的古兰经文。

图 12.12　泰姬·玛哈尔陵

二、尼泊尔建筑

尼泊尔流行佛教,也有婆罗门教。加德满都附近的一座萨拉多拉窣堵坡,大约是孔雀王朝的遗物。和印度的窣堵坡不同的是,半球体四面有重檐的假门,顶上有一个很高的塔,塔身由 13 层逐层缩小的扁方体叠成,外廓呈曲线。下面有基座,上面有华盖,如图 12.13 所示。

在巴德岗的杜巴广场上有一座婆罗门教庙宇,高耸的塔很像印度北部的庙宇形式,不过比较简单,它没有门厅,方方的神堂四面没门,平面呈十字形,四面一致,如图 12.14 所示。

图 12.13　加德满都的萨拉多拉窣堵坡　　　　图 12.14　杜巴广场的婆罗门教庙宇

三、泰国建筑

泰国最具代表性的建筑是大皇宫,紧邻湄南河,是曼谷中心一处大规模古建筑群,是历代王宫保存最完整、规模最大、最有民族特色的王宫。大皇宫内有四座宏伟建筑,分别是节基宫、律实宫、阿玛林宫和玉佛寺。

泰国国王信奉佛教,建造了大量的佛像和佛教雕塑。泰国的窣堵坡比较陡峭挺拔,各部分形体完整,几何性很强。

阿瑜陀耶的三座作为国王陵墓的窣堵坡如图 12.15 所示,表面光洁不做任何划分,而上面的圆锥体很尖削,密箍着水平的环。塔体四面超正方位有门廊,门廊上的小圆锥体同中央的呼应,使构图更活泼,也更统一。

四、柬埔寨吴哥窟

柬埔寨的庙宇的典型形制是金刚宝座塔。保存得比较完整的吴哥窟如图 12.16 所示,是一座兼有佛教和婆罗门教意义的庙宇,也是国王的陵墓,位于吴哥城的东南部。建筑的中心是一座金刚宝座塔,金刚宝座塔在两层宽大的平台上。整座建筑构图完整,造型稳定,突出中心,主次分明。15 世纪,吴哥被废弃,寺亦荒芜,19世纪中叶又重被发现。

五、缅甸建筑

缅甸流行佛教,保存较好的有纳迦绒庙和明迦拉塞蒂塔。

仰光大金塔如图 12.17 所示,位于缅甸仰光,是仰光最具代表性的建筑。塔高 110 米,全塔上下通体贴金,上有 4 座中塔、64 座小塔。

图 12.15　阿瑜陀耶的窣堵坡

图 12.16　吴哥窟

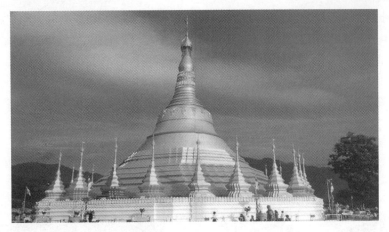

图 12.17　仰光大金塔

第三节　日本的建筑

　　日本古代的建筑和建筑群,无论在平面布局、结构、造型或装饰细节方面,都保留着比较浓厚的中国唐代建筑的特色,但同时日本建筑也具有浓厚的民族和地方特色,风格洗练简约、优雅洒脱,善于使用各种天然材料。

一、神社建筑

　　日本建筑中最能表现日本建筑特色的是神社建筑。神社是崇奉与祭祀神道教(一种自然神教)中各神灵的社屋,是日本宗教建筑中最古老的类型。位于三重县的伊势神宫是日本神社的主要代表,如图 12.18 所示。它的"造替"制度为每 20 年一次。神宫由内宫和外宫两大部分组成。正殿居内宫中心,是日本古建筑形式之一——"神明造"的典型例子。平面为矩形,其长边是入口,挖土立柱,山墙上有山花中柱,采用悬山式草屋顶,屋面呈直线形。严岛神社位于日本广岛县,是日本非常优美的建筑,建于 12 世纪,正殿为长方形,长 24 米,宽 12 米。神社前方立于海中的大型鸟居是严岛境内最知名的地标(见图 12.19)。

二、佛教建筑

　　日本的佛教是由中国传入的,并且其建筑学习了中国佛教的建筑,代表建筑有奈良的法隆寺和唐招提寺金堂。

　　法隆寺如图 12.20 所示,是保留最完整的日本木构建筑群,以堂塔为主共二十余幢。焚毁后重建的余堂,继承了"飞鸟时代"的布局和形式。以塔和金堂为中心,绕以间廊,其形式乃至细部纹样均反映了来自中国南北

图 12.18　伊势神宫

图 12.19　严岛神社的鸟居

朝建筑的影响。法隆寺分为东西两院,西院保存了金堂、五重塔,东院建有梦殿等,西院伽蓝是世界上最古老的木构建筑群。法隆寺中的五重塔类似楼阁式塔,但塔内没有楼板,平面呈方形,塔高 31.5 米,塔刹约占 1/3,上有 9 个相轮,是日本最古老的塔,属于中国南北朝时期的建筑风格。

唐招提寺如图 12.21 所示,是日本佛教建筑群,位于日本奈良。有金堂、讲堂、经藏、宝藏以及礼堂、鼓楼等建筑物。其中寺院的主殿金堂最大,以建筑精美著称,正面 7 间,侧面 4 间,坐落在约 1 米高的石台基上,为天平时代最大最美的建筑。

图 12.20　法隆寺

图 12.21　唐招提寺

10 世纪中叶之后,王公贵族、豪门强宗大兴邸宅、别业,采用日本居住建筑的典型手法建造佛堂。凤凰堂原为一贵族府邸中供奉阿弥陀佛的佛堂,如图 12.22 所示。其布局类似贵族府邸中的"寝殿造",即在中央正屋的

图 12.22　平等院凤凰堂

两侧有东西配屋,并以游廊将它们联系起来。建筑临水而筑,外形秀丽,内部雕饰、壁画极其丰富,具有住宅的纤细优美之姿。

● 思考题

1. 伊朗中世纪时最重要的纪念性建筑物是_____。
2. 请简述清真寺建筑的特点。
3. 请简述泰姬·玛哈尔陵的特点。

第十三章　西方近代建筑探新

两次工业革命之后,社会和技术发生了重大变革,世界进入了工业化时代。随着工业大生产的发展,工业革命从轻工业扩增至重工业,新的建筑材料、新的建筑技术的出现,铁产量的大增为建筑的新功能、新技术与新形势创造出条件,支撑了建筑学科的快速发展,新的建筑思潮不断涌现,近代城市开始出现。

第一节　近代建筑早期阶段

1851年,英国伦敦举行了世界博览会,英国人帕克斯顿为伦敦第一届世界博览会设计并建造了"水晶宫"展览馆,如图13.1所示。建筑总面积为74 000平方米,第一次大规模采用了预制和标准化的方法,使用铸铁作为骨架,屋顶和外墙均为玻璃,整个建筑通体透明,宽敞明亮,故被誉为"水晶宫"。展览馆外形为一简单阶梯形的长方体,并有一与之垂直的拱顶,各面只显示出铁架与玻璃,无任何多余装饰,完全表现了工业生产的机械本能。施工速度之快前所未有,其结构简单,只应用了铁、木和玻璃3种材料,在9个月的时间内完成,堪称建筑工程的奇迹。"水晶宫"展览馆是英国工业革命时期的代表性建筑,完全摈弃了古典主义的装饰风格,实现了形式与结构、形式与功能的统一,在新材料和新技术的运用上达到了一个新高度,向人们预示了一种新的建筑美学力量。其特点是轻、光、透、薄,开辟了建筑形式的新纪元。

为纪念法国大革命100周年,法国巴黎举办了第三届世界博览会。巴黎世博会的埃菲尔铁塔是法国标志性建筑,如图13.2所示,由工程师埃菲尔设计,采用高架铁结构,塔高328米,是当时世界上最高的建筑。

巴黎世博会的机械展览馆如图13.3所示,也是1889年建造的,长度为400米,跨度达115米,创造了当时世界最大跨度。里面不设柱子,主要结构由20多个构架组成,四壁与屋顶全部采用大片玻璃。结构上首次使用了三铰拱,拱的末端越接近地面越窄,每一点都可承受大荷载。

图13.1　"水晶宫"展览馆　　　　图13.2　法国埃菲尔铁塔　　　　图13.3　巴黎世博会的机械展览馆

第二节　新建筑运动及其理论

19世纪,绝大多数资本主义国家的工农业产值在不断增长,钢产量促进重工业的发展。内燃机的出现促进工业电气化的发展并引发第二次工业革命,使人类的生产力得到进一步飙升。生产力的加快对建筑工业提出更高要求,建筑作为物质生产的一个部门,必须跟上社会发展,这一时期的建筑迅速适应了新社会的要求,摆脱了旧技术的限制,摸索着材料与结构的更新。这个时期是对新建筑的探索时期,也是向现代建筑过渡的时期。

一、工艺美术运动

工艺美术运动是起源于英国19世纪下半叶的一场设计运动,其起因是针对家具、室内产品、建筑的工业批量生产所造成的设计水准下降的局面。19世纪初期,大批工艺品投放市场而设计远远落后,美术家不屑于产品设计,工厂也只注重质量与销路。设计与技术相当对立,当时的产品分为外形粗糙的工业品和服务于少数人的精致手工艺品。此时期尚属于工业设计思想萌发前夕,在产品设计上十分混乱。

这场运动的理论指导人是约翰·拉斯金,主要人物则是威廉·莫里斯。这场运动受到日本艺术的影响,影响主要集中在首饰、书籍装帧等方面。其特点主要有:强调手工艺,明确反对机械化生产;提倡哥特风格和其他中世纪风格,追求简单、朴实,功能良好;主张设计的诚实,反对设计上华而不实的趋向。

拉斯金主张艺术与技术相结合,认为应将现实观察融入设计中,并提出设计的实用性目的。他的倡导为当时的设计师提供了重要的思想依据,莫里斯等人都深受其思想影响。

威廉·莫里斯是在实践中实现拉斯金设计思想的第一个人物。他反复强调设计的两个基本原则:一,产品设计和建筑设计是为千千万万的人服务的,而不是为少数人服务的活动;二,设计工作必须是集体的活动,而不是个体劳动。这两个原则在后来的现代主义设计中发扬光大。他开设了世界上第一家设计事务所,其设计的产品采取哥特式和自然主义风格,强调实用性和美观性结合,具有鲜明的特征,同"工艺美术运动"的基本风格完全吻合,促进了英国和世界的设计发展。他的代表作有自己在伦敦郊区的住宅"红屋",如图13.4所示。

工艺美术运动的产生给后来的设计师提供了设计风格参考,提供了不同以往的尝试典范,影响遍及美国和欧洲等地区,对后来的"新艺术"运动具有深远的意义。

图 13.4　莫里斯红屋

二、新艺术运动

新艺术运动开始于19世纪80年代,发起者是亨利·凡·德·威尔德,最初在比利时首都布鲁塞尔展开,随后向法国、奥地利、德国、荷兰以及意大利等地扩展。新艺术运动放弃了任何的传统装饰风格,完全走向自然风格;强调自然中不存在平面和直线,在装饰上突出曲线、有机形态,装饰动机基本来源于自然形态。这种改革没能解决建筑形式与内容的关系,以及与新技术的结合问题,只是在形式上反对传统。

图 13.5 都灵路 12 号住宅内部

（一）比利时的新艺术运动

比利时的新艺术运动有相当的民主色彩，要求艺术与设计为广大民众服务。亨利·凡·德·威尔德是比利时 19 世纪末 20 世纪初最杰出的设计师，他的设计理论和实践都使他成为现代设计史的重要奠基人。他支持新技术，肯定机械，提出设计中功能第一的原则，主张艺术与技术结合，反对漠视功能的纯装饰主义和纯艺术主义。他在德国时，创立了魏玛工艺美术学校，还参与现代设计运动，是工业同盟的创始人之一。

维克多·霍尔塔是新艺术运动的伟大创始人之一，他的作品是 19 世纪末建筑作品中积极进取、锐意改革的先锋，其建筑风格代表了典型的新艺术运动风格：明朗的设计，光线的传播，用大量的非几何弯曲线条对建筑物加以装饰。霍尔塔设计的布鲁塞尔都灵路 12 号住宅的内部是新艺术运动时期比较有代表性的建筑之一。住宅的内部装饰几乎全部都是藤蔓一样的线条，减少了建筑那种硬朗的感觉，使建筑变得有动感，更有人情味。显现出高度的和谐优雅和与传统建筑大异其趣的金碧辉煌，如图 13.5 所示。

（二）西班牙的新艺术运动

最极端、最具有宗教气氛的新艺术运动代表就是西班牙，而西班牙重要的设计代表是安东尼·高迪。高迪的艺术和建筑风格是很独立的，作品极为大胆、极端、特异。他的作品突破了传统雕塑的实用概念，把雕塑艺术与灵魂世界完美结合在一起，创造了世界上最伟大的建筑作品。他在很大程度上复兴了哥特式建筑的审美取向。其代表作有居里公园、圣家族大教堂、米拉公寓等。

米拉公寓是高迪最著名的建筑之一，也是新艺术运动的有机形态、曲线风格发展到极端的代表。米拉公寓的屋顶高低错落，墙面凹凸不平，到处可见蜿蜒起伏的曲线，整座大楼宛如波涛汹涌的海面，富于动感。高迪还在米拉公寓房顶上造了一些奇形怪状的突出物，有的像披上全副盔甲的军士，有的像神话中的怪兽，有的像教堂的大钟，其实，这些是特殊形式的烟囱和通风管道。米拉公寓如图 13.6 所示。

图 13.6 米拉公寓

高迪对人类文化史上的最大贡献是圣家族大教堂。圣家族大教堂是一座宏伟的天主教教堂，整体设计以大自然的洞穴、山脉、花草、动物等为灵感。圣家族大教堂的设计完全没有直线和平面，而是以螺旋、锥形、双曲线、抛物线等的各种变化组合成充满韵律感的神圣建筑,如图 13.7 所示。

图 13.7　圣家族大教堂

三、维也纳学派与奥地利分离派

　　维也纳学派是 19 世纪 90 年代末受新艺术运动的影响在奥地利的维也纳形成的以瓦格纳为代表人物的建筑师集团。他们主张建筑形式应是对材料、结构与功能的合乎逻辑的表述,反对历史样式在建筑上重演。瓦格纳是现代建筑的先驱之一,他提出建筑设计应为人的现代生活服务,以促进交流、提供方便的功能为目的。其代表作品是维也纳邮政储蓄银行,如图 13.8 所示。

图 13.8　维也纳邮政储蓄银行

　　路斯是维也纳学派中对现代设计运动影响最大的建筑师之一。他主张建筑应以实用为主,反对把建筑列入艺术的范畴,并竭力反对装饰。路斯于 1908 发表了他最著名的论文《装饰和罪恶》,在这篇文章中他将对装饰的过分使用与社会的衰败联系在一起,提出"装饰是罪恶",在建筑界、设计界引起轩然大波,影响非常大。路斯本人始终勤于创作,以自己的实践表明设计立场,其代表作品是维也纳斯坦纳住宅,如图 13.9 所示。

　　奥地利分离派是 1897 年维也纳学派中的部分成员成立的建筑派系,他们公开提出与正宗的学院派分离,他们组织的团体自称分离派。他们主张造型简洁和集中装饰,装饰的主题采用直线和大片光墙面以及简单的立方体。其代表人物是奥别列去、霍夫曼,代表作品是奥别列去设计的分离派展览馆,如图 13.10 所示。

图 13.9　维也纳斯坦纳住宅

图 13.10　分离派展览馆

四、德意志制造联盟

1907 年,德意志制造联盟成立于慕尼黑,是 19 世纪末 20 世纪初德国建筑领域里创新活动的重要力量。这是一个积极推进工业设计的舆论集团,由一群热心于设计教育与宣传的艺术家、建筑师、设计师、企业家和政治家组成,在联盟的成立宣言中,提出了这个组织明确的目标,即"通过艺术、工业与手工艺的合作,用教育宣传及对有关问题采取联合行动的方式来提高工业劳动的地位。"德意志制造联盟在 1908 年召开的第一届年会上,明确了对机器的承认,并指出设计的目的是人而不是物,工业设计师是社会的公仆,而不是许多造型艺术家自认的社会的主宰,这些观点,都使得制造联盟以现代设计奠基者和发起人的姿态树立起在设计史中的地位。

对于制造联盟的理想做出最大贡献的人物是穆特修斯,他是一位建筑师,1896 年被任命为德国驻伦敦大使馆的建筑专员,一直工作到 1903 年。在此期间,他不断地报告英国建筑的情况以及在手工艺及工业设计方面的进展。除此而外,他还对英国的住宅进行了大量调查研究,写成了三卷本的巨著《英国住宅》,此书于他返回德国后不久出版。

贝伦斯是德国现代建筑和工业设计的先驱,如图 13.11 所示。1907 年,他成为德意志制造联盟的推进者与领袖人物。1909 年,贝伦斯设计了德国通用电气公司的透平机制造车间与机械车间,被称为第一座真正的现代建筑,如图 13.12 所示。贝伦斯还是一位杰出的设计教育家,他的学生包括格罗佩斯、米斯和柯布西埃,他们后来都成为 20 世纪伟大的现代建筑师和设计师。

图 13.11　彼得·贝伦斯

图 13.12　贝伦斯设计的车间

德意志制造联盟发展迅速,1919 年成员最多,达到 3000 人,遍及德国各艺术院校。1931 年被破坏,宣布解散。德意志制造联盟的成立,标志着现代设计艺术时代的来临。

五、美国芝加哥学派

19 世纪 70 年代,正当欧洲的设计师在为设计中的艺术与技术、伦理美学以及装饰与功能的关系而困惑时,在美国的建筑界却兴起一个重要流派——芝加哥学派。高层、铁框架、横向大窗、简单的立面成为芝加哥学派建筑的特点。芝加哥学派是美国最早的建筑流派,是现代建筑在美国的奠基者。芝加哥学派突出功能在建筑设计中的主导地位,明确提出形式服从功能的观点,力求摆脱折中主义的羁绊,探讨新技术在高层建筑中的应用,强调建筑艺术应反映新技术的特点,主张简洁的立面以符合时代工业化的精神。

工程师威廉·勒巴隆·詹尼是芝加哥学派的创始人,1879 年,他设计建造了第一莱特尔大厦;1885 年,他完成"家庭保险公司"的十层办公楼,如图 13.13 所示。标志着芝加哥学派真正诞生的是第一座钢铁框架结构。

芝加哥学派中最著名的建筑师是路易斯·沙利文。沙利文早年任职于詹尼的事务所。沙利文设计的商业建筑是美国建筑史上的里程碑。他在高层建筑造型上的三段法,即将建筑物分成基座、标准层和出檐阁楼的手法,流传很广,而且很久。他重视功能,提出"形式追随功能"的口号。他认为装饰是建筑所必需而不可分割的内容,但他不取材于历史形式,而是以几何形式和自然形式为主。

芝加哥 C.P.S 百货公司大楼是美国芝加哥学派的代表建筑,如图 13.14 所示,由路易斯·沙利文设计。C.P.S 百货公司大楼的设计向我们描述了芝加哥学派的高层、铁框架、横向大窗、简单的立面等的建筑特点,立面采用三段式:底层和二层为功能相似的一段,上面各层办公室为一段,顶部设备层为一段。以芝加哥窗为主的网络式立面反映了结构功能的特点。充分体现了芝加哥学派"形式追随功能"的设计思想。在这个建筑中我们可以看到标准的"芝加哥窗",即柱子之间全开的宽度大于高度的横向长窗。C.P.S 百货公司大楼是芝加哥学派有力的代表作。

图 13.13　"家庭保险公司"十层办公楼

图 13.14　C.P.S 百货公司大楼

 思考题

1. ＿＿＿＿＿＿＿＿＿＿　设计了德国通用电气公司的车间,被称为第一座真正的现代建筑。

2. 什么是工艺美术运动?

3. 什么是新艺术运动?

4. 简要介绍新艺术运动在西班牙的代表人物及其代表作品。

第十四章　现代建筑与代表人物

现代主义设计首先在建筑领域产生,其思想最早可以追溯到19世纪末期,成熟于20世纪20年代,20世纪50—60年代达到了高潮,最早在欧洲以德国为中心,二战后转向美国,进而传播到世界各地。现代主义建筑在材料上大胆采用钢筋混凝土、玻璃、钢材等工业化材料代替传统木材、石头、砖瓦。在设计形式上反对任何装饰,采用简单的几何形体。因此,具有鲜明的理性主义和激进主义色彩,又称为"现代派建筑"。

第一节　第一次世界大战前后的建筑

第一次世界大战造成重大人员伤亡,许多地区遭到严重破坏。战败国陷入严重的经济与政治危机中,大量房屋毁于战火。战后初期,由于建筑材料供应不足,缺少熟练工人,资本主义国家的住宅建设不能满足需求,建筑师们开始将新材料和新技术应用于建筑工程,用混凝土、金属板材、石棉水泥板和其他工业制品替代传统建筑材料,工程师们尝试用预制装配构件的方法减少工作量,提高施工效率。1924年后世界经济得到快速发展,以美国为首的国家开始建造高层住宅,世界经济从危机中缓解过来,建筑业得到一个短暂的发展。钢筋混凝土结构的应用更加普遍,建筑设备的发展速度大大提高,建筑业由单一型工种向综合型工种转化,建筑质量、建筑施工技术相应提高,施工效率得到前所未有的飙升。建筑探索虽然盛行一时,但得到实际推广的很少,该尝试却为第二次世界大战后的住宅工业化的大发展做了准备。

一、表现派

图14.1　爱因斯坦天文台

表现派(亦称表现主义)产生于20世纪的德国和奥地利,于1910年前后趋于成熟。表现主义画家重个性、重感情、重主观需要,设想通过外在表现、扭曲形象或强调某些色彩,把梦想世界显示出来,以引起观者情绪上的激动。表现主义建筑师采用奇特、夸张的建筑形体来表现某些思想情绪或象征某种时代精神。最能代表表现主义风格的作品是门德尔松于1920年设计的德国波茨坦市爱因斯坦天文台,如图14.1所示。整个建筑造型奇特,难以言状,表现出一种神秘莫测的气息,也可从中感受到一个崭新的时代在高速前进。

二、未来派

未来派首先在意大利出现,创始人为马里内蒂,他是意大利诗人、作家兼文艺评论家。马里内蒂于1909年2月在《费加罗报》上发表了《未来主义的创立和宣言》一文,标志着未来主义的诞生。他强调近代的科技和工业交通改变了人的物质生活方式,人类的精神生活也必须随之改变。他认为科技的发展改变了人的时空观念,旧的文化已失去价值,美学观念也大大改变了。他宣扬各种机器的威力,主张创造全新的未来艺术。

三、荷兰风格派

荷兰风格派成立于1917年,荷兰风格派主张把艺术从个人情感中解放出来,寻求一种客观的、普通的、建立在对时代的一般感受上的形式。荷兰风格派建筑师努力寻求尺寸、比例、空间、时间和材料之间的关系,否定建筑中封闭构件的作用,消除建筑内部和外部的两重性,打破室内的封闭感与静止感而强调向外扩散,使建筑成为不分内外的空间和时间结合体。建筑造型基本为纯净的几何式,以长方形、正方形、无色、无饰、直角、光滑的板料作墙身,认为最好的"艺术"是基本几何形象的组合和构图。建筑代表是乌德勒支住宅,由里特弗尔德设计,是由简单的立方体、光光的板片、横竖线条和大片玻璃错落穿插组成的建筑,是荷兰风格派画家蒙德里安绘画的立体化。

四、俄国构成派

图14.2　俄国第三国际纪念塔

构成主义是俄国十月革命后在一批先进知识分子中产生的一次前卫艺术运动。第一次世界大战前后,俄国有些青年艺术家也把抽象几何形体组成的空间当作绘画和雕刻的内容。构成主义热衷于科学技术,把结构当作建筑设计的起点,以此作为建筑表现的中心,这个立场成为现代主义建筑的基本原则。

俄国设计师开始探索的最早的建筑方案是塔特林的第三国际纪念塔,它的象征性与实用性很强,如图14.2所示。1925年成立的当代建筑家联盟是将构成主义观点传播到欧洲的重要的前卫设计团体,代表有维斯宁,他设计的人民宫是构成主义最早的设计专题,还有国家电报大楼,也极具特点。变成建筑现实的俄国构成主义建筑是梅尔尼科夫设计的巴黎世博会上的新精神宫。后期构成主义基本集中在城市规划上,突出人物有谢门诺夫等,他们在很大程度上与勒·柯布西耶的理想主义规划相似,提出了放射性设计规划和线性规划的城市规划方式,作品有共产主义卫星红城等。

第二节　现代主义建筑

现代主义设计兴起于20世纪20年代的欧洲,通过几十年的发展,特别是第二次世界大战以后美国的发展,最后影响到世界各国。它是20世纪设计的核心,不但深刻影响到20世纪的人类物质文明和生活方式,同时对整个世纪的各种艺术、设计活动都有决定性的冲击作用。对20世纪60年代以后的设计运动,包括后现代主义、解构主义、新现代主义等的了解都应建立在对现代主义的充分认识的基础上。

现代主义设计的思想特点如下。①民主主义:主张设计为广大劳苦大众服务,希望通过设计来改变社会的状况。②精英主义:不是为精英服务的,但却是强调精英领导的新精英主义。③理想主义和乌托邦主义:现代主义在共产主义运动和资本主义国家、法西斯大起大落的动荡时期,希望通过设计建立良好社会,改变大众生活,所以他们的设计探索具有强烈的知识分子理想主义成分和乌托邦主义成分。

现代主义设计的风格特点如下:①功能主义特征;②形式上提倡非装饰的简单几何造型;③设计上重视空间的考虑,强调整体设计,强调以模型为中心的设计规划;④注重设计的实用性、经济性。

一、格罗佩斯和包豪斯

格罗佩斯是现代主义建筑流派的代表人物之一,是设计艺术教育家、思想家和理论家,20世纪最重要的设计家和设计教育的奠基人。1903至1907年间,他就读于慕尼黑工学院和柏林夏洛腾堡工学院。1907—1910

年在柏林彼得·贝伦斯的建筑事务所工作。1910—1914 年自己开业,同迈耶合作设计了他的两个成名作。1914 年,在科隆举办的现代工业设计大展上,他依据预制设计原理所作的示范工厂和办公楼设计使他在建筑界名声大噪。1919 年 3 月 20 日,成立国立建筑设计学院,即包豪斯。1928 年,他与勒·柯布西耶等组织国际现代建筑协会。1937 年,他定居美国,任哈佛大学建筑系教授和主任,1952 年起任荣誉教授,参与创办该校的设计研究院。格罗佩斯在美国广泛传播包豪斯的教育观点、教学方法和现代主义建筑学派理论,强调在建筑中运用精确的数学计算,促进了美国现代建筑的发展。

格罗佩斯曾是贝伦斯建筑事务所的一员,在建筑上提倡采用新结构、新材料为功能服务,他希望艺术与手工业不是对立的,能通过教育改革将二者和谐结合,强调工艺、技术和艺术的和谐统一。他一生为包豪斯花费了巨大的心血。其代表作有法古斯鞋楦厂、德意志制造联盟展览会办公大楼和包豪斯校舍(见图 14.3)。

包豪斯校舍是现代建筑史上里程碑式的杰作,其特点是:形体空间布局自由,按照功能分区,根据不同的功能选择不同的结构形式;试验工厂采用混凝土框架和悬挑楼板,外观采用玻璃幕墙,利于采光;造型上采用非对称的手法,有多个没有装饰的立方体,错落有致,别具特色。

图 14.3 包豪斯校舍

包豪斯是 1919 年在德国成立的一所设计学院,也是世界上第一所完全为发展设计教育而建立的学院。这所由格罗佩斯创建的学院集中了 20 世纪初欧洲各国对于设计的新探索和试验成果,并加以发展成为集欧洲现代主义运动大成的中心,奠定了现代设计教育的结构基础和工业设计的基本面貌。其办学方针代表其新建筑的思想:第一,在设计中强调自由创造,反对模仿因袭、墨守成规,反对装饰,讲究结构本身的形式美,以及多种构图的形式美;第二,将手工艺与机械生产相结合,注重实用,造型简洁,构图灵活多样;第三,强调各门艺术之间的融合,工艺美术、建筑设计应向绘画、雕刻艺术学习,发挥新材料、新结构的美学性能;第四,培养学生既有动手能力又有理论素养,注重实践与理论、与新艺术思想相结合;第五,注重教育与生产劳动相结合、与生产力及生产发展相结合。

包豪斯经历格罗佩斯、迈耶、米斯三个不同阶段,使包豪斯兼具理想主义的浪漫、共产主义的政治目标、实用主义的严谨工作方法,其精神内容极其丰富和复杂。它建立了以观念为中心、以解决问题为中心的设计体系。

二、勒·柯布西耶

勒·柯布西耶生于瑞士,是 20 世纪著名的建筑师和设计艺术理论家,其建筑的新理念和城市规划思想有非常独到之处。他于 1910 前往柏林,与德国工业联盟有密切联系,同时进入彼得·贝伦斯的建筑事务所。1917 年定居巴黎,从事设计,1923 年出版了《走向新建筑》一书,从而使其成为"机械美学"的理论奠基人。1928 年以后设计了很多代表性的建筑,也在城市规划方面有重要贡献。勒·柯布西耶一生著书 40 余部,完成大型建筑设计 60 余座,对现代建筑风格有重要影响。他的主要观点是住房是居住的机器,外部是内部的结果,原始的形体是美的形体。他的《走向新建筑》被认为是新建筑宣言,他在书中提出要创造新时代的新建筑,激烈否定因循守旧的建筑观,主张建筑工业化,在住宅设计中提出"新建筑的五个特点":底层架空、屋顶花园、自由平面、横向窗、自由立面。代表作有马赛公寓(见图 14.4)、朗香教堂、萨伏伊别墅。柯布西耶对探索大城市规划,对城市建设现代化起到推动作用。

朗香教堂造型奇异,平面不规则;墙体几乎全是弯曲的,有的还倾斜;塔楼式的祈祷室的外形像座粮仓;沉重的屋顶向上翻卷着;粗糙的白色墙面上开着大大小小的矩形的窗洞,上面嵌着彩色玻璃。室内主要空间也不规则,墙面呈弧线形,光线透过屋顶与墙面之间的缝隙和镶着彩色玻璃的窗洞投射下来,使室内产生了一种特殊的气氛。朗香教堂如图 14.5 所示。

萨伏伊别墅建于 1928—1929 年,为钢筋混凝土结构,位于巴黎的近郊,是一个完美的功能主义作品。建筑的外部装饰完全采用白色,这是一个代表新鲜、纯粹、简单和健康的颜色。它是柯布西耶建筑设计生涯中最为杰出的建筑作品之一,如图 14.6 所示。

图 14.4　马赛公寓

图 14.5　朗香教堂

图 14.6　萨伏伊别墅

三、米斯·凡德罗

　　米斯·凡德罗是现代主义建筑大师。他生于德国石匠之家,幼年失学,是靠自学成才的现代主义设计大师。1919 年,米斯大胆推出了一个全玻璃帷幕大楼的建筑方案,让他赢得了世界的关注。1928 年,他提出"少即是多"的名言,提倡纯洁、简洁的建筑表现。1929 年,他设计了巴塞罗那国际博览会德国馆,成为米斯设计生涯的重要转折点和里程碑。米斯是包豪斯的第三任校长。他终生追求所谓的单纯建筑,受贝伦斯影响很大,主张少则多甚至达到违反功能的地步,是促进国际主义产生的重要人物。政治上他是非政治化的代表。虽然晚期的包豪斯在环境上极其恶劣,但米斯仍努力维持正常的教学,直至纳粹政府关闭包豪斯。

图 14.7　西格拉姆大厦

法创造出丰富的艺术效果。

　　米斯在建筑处理手法上主张流动空间的新概念,主张从平面到造型简洁明了,逻辑性强,表现出理性的特点。他作品中的各个部分抽象概括,从墙面、屋面到地面,所有的线、面都有机地组合成一个整体。他的设计作品中各个细部精简到不可再精简的绝对境界,不少作品的结构几乎完全暴露,但是它们高贵、雅致,已使结构本身升华为建筑艺术。他的代表作有巴塞罗那国际博览会德国馆、范斯沃斯住宅、西格拉姆大厦(见图 14.7)。

　　巴塞罗那国际博览会德国馆(见图 14.8)建于 1929 年,于博览会结束后拆除。德国馆占地长约 50 米,宽约 25 米,由一个主厅、两间附属用房、两片水池、几道围墙组成。除少量桌椅外,没有其他展品。其目的是显示这座建筑物本身所体现的一种新的建筑空间效果和处理手法。德国馆在建筑形式处理上也突破了传统的砖石建筑的以手工业方式精雕细刻和以装饰效果为主的手法,而主要靠钢铁、玻璃等新建筑材料表现其光洁平直的精确美、新颖美,以及材料本身的纹理和质感的美。墙体和顶棚相接,玻璃墙也从地面一直到顶棚,而不像传统处理手法那样需要有过渡或连接的部分,因此给人以简洁明快的印象。德国馆在建筑空间划分和建筑形式处理上创造了成功的新经验,充分体现了设计人米斯的名言——"少即是多",用新的材料和施工方

图 14.8　巴塞罗那国际博览会德国馆

四、弗兰克·赖特

弗兰克·赖特是美国现代主义先驱,美国著名建筑师,师承著名建筑师沙利文,被誉为美国本土建筑的开创者,是西方现代主义建筑美学思想重要的代表人物之一。他于 1888—1893 年进入芝加哥学派的代表人物路易斯·沙利文与艾德开设的设计事务所工作,1894 年起开设自己的设计事务所,开始设计草原式风格住宅,1910 年去了欧洲,设计思想得到了广泛承认,并举行了个人展示会。

赖特吸收和发展了沙利文"形式追随功能"的思想,他的设计理念从自然主义、有机主义、中西部草原风格、现代主义到完全追求自己热爱的美国典范,每个时期都对建筑界造成新的影响和冲击。

他的"有机建筑"是指建筑要与周边的环境密切结合,要表现材质本身的质感。赖特信仰真、纯、诚、朴,认为土生土长是所有真正艺术和文化的必要领域。"草原式住宅"的设计思想注重环境与建筑的关系,形成和谐的整体空间。保留自然材料,以取得与室内外环境的协调。代表建筑有橡树园的赖特之家、罗比住宅(见图 14.9),宾夕法尼亚州的流水别墅是赖特草原式住宅理论的延伸,是与周围自然风景紧密结合的成功范例。

流水别墅如图 14.10 所示,巨大的混凝土挑台从山壁向前伸出,横向阳台板上下穿插错叠,如岩石般生长在溪流之上,与垂直方向拔地而起、就地取材的毛石墙面烟囱取得平衡。四周的树木在建筑的交错处穿插延伸,溪流形成的瀑布沿平台的下部欢快跌落,达到了自然与建筑浑然一体、互相映衬的效果。整个建筑看上去就像是从地里生长出来的一样,但它更像是盘旋在大地之上,赖特大胆而巧妙的构思使之成为无与伦比的世界上最著名的现代建筑。

图 14.9　罗比住宅

图 14.10　流水别墅

赖特设计的古根海姆博物馆如图 14.11 所示。它平滑的白色混凝土覆盖在墙上,使它们仿佛更像一座巨大的雕塑而不仅仅是建筑物。建筑物外部向上、向外螺旋上升,内部的曲线和斜坡则通到 6 层。螺旋的中部形成一个敞开的空间,从玻璃圆顶采光。博物馆分成两个体积,大的一个是陈列厅,6 层;小的是行政办公部分,4层。陈列大厅是一个倒立的螺旋形空间,高约 30 米,大厅顶部是一个花瓣形的玻璃顶,四周是盘旋而上的层层挑台,地面以 3% 的坡度缓慢上升。参观时观众先乘电梯到最上层,然后顺坡而下,参观路线共长 430 米。博物馆的陈列品就在沿着坡道的墙壁上悬挂着,观众边走边欣赏,不知不觉之中就走完了 6 层高的坡道,看完了展品,这显然比那种常规的一间套一间的展览室要有趣和轻松得多。

五、阿尔瓦·阿尔托

阿尔瓦·阿尔托是芬兰现代建筑师,是人情化建筑理论的倡导者。他按照新兴的功能主义建筑思想,抛弃传统风格的一切装饰,使现代主义建筑首次出现在芬兰,推动了芬兰现代建筑的发展。第二次世界大战后的头10 年,阿尔托主要从事祖国的恢复和建设工作,为拉普兰省省会制定区域规划(1950—1957 年)。

芬兰建筑大师阿尔托的创作风格可以称之为有机功能主义,其作品代表着第二次世界大战后建筑思潮中讲究"地方性与民族化"的倾向。他认为工业化和标准化必须为人的生活服务,适应人的精神要求。他所设计

图 14.11　古根海姆博物馆

的建筑平面灵活、使用方便,结构构件巧妙地化为精致的装饰,建筑造型娴雅,空间处理自由活泼且有动势,使人感到空间不仅是简单流通,而且在不断延伸、增长和变化。阿尔托热爱自然,他设计的建筑总是尽量利用自然地形,融合优美景色,风格纯朴。芬兰地处北欧,盛产木材,铜产量居欧洲首位。阿尔托设计的建筑的外部饰面和室内装饰反映木材特征;铜则用于点缀,表现精致的细部。建筑物的造型沉着稳重,结构常采用较厚的砖墙,门窗设置得宜。他的作品不浮夸,不豪华,也不追随欧美时尚,创造出独特的民族风格,有鲜明的个性。阿尔托的创作范围广泛,从区域规划、城市规划到市政中心设计,从民用建筑到工业建筑,从室内装修到家具和灯具以及日用工艺品的设计,无所不包。根据阿尔托建筑思想发展和作品的特点,他的创作历程大致可以分为以下三个阶段。

第一白色时期:1923—1944 年,作品外形简洁,多呈白色,有时在阳台栏板上涂有强烈色彩;建筑外部有时利用当地特产的木材饰面,内部采用自由形式。代表作为维堡图书馆和帕伊米奥结核病疗养院(见图 14.12)。

图 14.12　帕伊米奥结核病疗养院

红色时期:1945—1953 年,创作已臻于成熟。这时期他喜用自然材料与精致的人工构件相对比。建筑外部常用红砖砌筑,造型富于变化。他还善于利用地形和原有的植物。室内设计强调光影效果,讲求抽象视感。代表作为芬兰珊纳特赛罗市政中心和美国麻省理工学院的学生宿舍——贝克大楼。

第二白色时期:1954—1976 年,这一时期的建筑再次回到白色的纯洁境界。作品空间变化丰富,发展了连续空间的概念,外形构图重视物质功能因素,也重视艺术效果。代表作为芬兰珊纳约基市政府中心、卡雷住宅

(见图 14.13)、奥尔夫斯贝格文化中心等。

图 14.13　卡雷住宅

思考题

1. 第三国际纪念塔是俄国_____派的代表作品,由_____设计。

2. 建筑大师格罗佩斯于_____年创立了_____学院。

3. 美国现代主义先驱是_____,他提出了有机建筑。

4. 芬兰建筑大师阿尔托的创作风格可以称之为有机功能主义,其作品代表着第二次世界大战后建筑思潮中讲究"_____"的倾向。

5. 请简述勒·柯布西耶的建筑理论及其代表建筑的艺术特色。

6. 请简述米斯·凡德罗的建筑理论及其代表建筑的艺术特色。

7. 请简述弗兰克·赖特提出的有机建筑的特点。

第十五章　现代主义建筑之后的建筑活动

　　20 世纪 50 年代末,西方各工业国家进入经济繁荣期,科技、生产相互促进,电子计算机的发明应用影响了整个社会科技与技术的发展并影响了人们的思想,此时建筑界高度注重工业技术的倾向异常活跃,主张用新材料(如高强钢、硬铝、塑料和各种化学制品)、新技术创造"机器美",用标准化构件建造用料少,体量轻,能够快速装配、拆卸与改建的房屋。20 世纪 50 年代后,现代建筑沿着多元化的道路发展,建筑思潮出现了新动向,进入后现代主义时期,包含了现代主义之后的各种建筑活动和建筑风格。

第一节　国际主义运动的产生和衰退

　　现代主义经过发展,特别是在美国,成为战后的国际主义风格。国际主义在 20 世纪五六十年代风行一时,成为主导的设计风格,不仅影响了世界各国,还影响了设计的各个方面,但首先在建筑设计上得到确立。

　　现代主义被称为国际主义风格的开端,是约翰逊认为威森霍夫现代住宅建筑展的风格会成为国际流行的建筑风格,而称这种理性、冷漠的风格为国际主义风格。国际主义设计具有形式简单、反装饰性、系统化等特点,设计方式上受"少则多"原则影响较深,50 年代下半期发展为形式上的减少主义特征。

　　从根源上看,美国的国际主义与战前欧洲的现代主义运动是同源的,是包豪斯领导人来到美国后结合美国情况发展出的新的现代主义。但从意识形态上看二者却有很大差异。现代主义运动具有强烈的社会主义和民主主义色彩,是典型的知识分子理想主义运动,是将设计为上层权贵服务扭转为为大众服务的一种手段,这种探索是进步的。设计的目的性和功能性是第一位的,这种以形式为结果而不是为中心的立场,是现代主义运动的初衷。到美国以后,"少则多"的米斯主义受到欢迎,钢筋混凝土预制件结构和玻璃幕墙结构得到协调的混合,成为国际主义的标准面貌。原本的民主色彩变为一种单纯的商业风格,变成了为形式而形式的形式主义追求。目的性消失,形式追求成为中心,是国际主义的核心。80 年代以后国际主义开始衰退,简单理性、缺乏人情味、风格单一、漠视功能,引起青年一代的不满是国际主义衰退的主要原因。

第二节　后现代主义设计

　　国际主义采用同一的、单调的设计对待不同的设计问题,以简单的中性方式来应付复杂的设计要求,忽视了人的要求、审美价值以及传统的影响;另外,人们开始重视设计责任,要求保护有限的资源。因此国际主义造成了广泛的不满,促成了 20 世纪 60 年代末 70 年代初出现的以改变国际主义设计的单调形式为中心的后现代主义运动。

　　后现代主义运动是从建筑设计开始的,20 世纪 70 年代建筑上出现了对现代主义的挑战,最早在建筑上提出比较明确的后现代主义主张的首推温图利。

　　日本山崎宾设计的普鲁蒂-艾戈被炸毁,可以说是后现代主义兴起的重要标志之一。后现代主义也是从建筑上发展起来的,1980 年威尼斯双年展上格里夫斯和斯特林展出了后现代艺术的典型建筑,其风格被称为后现代古典主义,这是后现代主义出现的最早风格。从意识形态看,后现代主义的设计是对于现代主义、国际主义设计的一种装饰性发展,其中心是反对米斯的"少则多"的减少主义风格,主张以装饰手法来达到视觉上的丰富,提倡满足心理要求,而不仅仅是单调的功能主义中心。

后现代主义设计充满了对现代主义、国际主义设计的挑战，但这种挑战都处在设计的风格和形式上，而没能够涉及现代主义的思想核心。因此，后现代主义是对现代主义的形式内容的批判，而不是对其思想的挑战。后现代主义缺乏明确的艺术形态宗旨而成为一种文化上的自由放任的设计风格，其薄弱的思想性和形式主义的性格特征使它根本不可能取代现代主义设计。后现代主义的重要人物有温图利、穆尔、斯特恩、格里夫斯等。后现代主义设计虽然发展迅速，但随着形式的反复运用，很快就使社会和设计师们对这些符号性的形式产生厌倦，导致了后现代主义于 20 世纪 80 年代末 90 年代初的式微。

一、代表建筑

1982 年落成的美国波特兰市政大楼（见图 15.1），是美国第一座后现代主义的大型官方建筑。楼高 15 层，呈方块体形。外部有大面积的抹灰墙面，开着许多小方窗。每个立面都有一些古怪的装饰物，排列整齐的小方窗之间又夹着异形的大玻璃墙面。屋顶上还有一些比例很不协调的小房子，有人赞美它是"以古典建筑的隐喻去替代那种没头没脑的玻璃盒子"。

美国电话电报大楼（见图 15.2）是 1984 年落成的，建筑师为约翰逊，该建筑坐落在纽约市曼哈顿区繁华的麦迪逊大道。约翰逊把这座高层大楼的外表做成石头建筑的模样，楼的底部有高大的贴石柱廊，正中一个圆拱门高 33 米，楼的顶部做成有圆形凹口的山墙，有人形容这个屋顶从远处看去像是老式木座钟。约翰逊解释他是有意继承 19 世纪末至 20 世纪初纽约老式摩天楼的样式。

图 15.1　美国波特兰市政大楼

图 15.2　美国电话电报大楼

二、代表人物

后现代主义的重要人物是温图利，他是美国建筑设计师，是在建筑设计上奠定后现代主义基础的第一人。1969 年，他提出"少则烦"的原则，从形式基础上挑战现代主义，其作品温图利住宅提出了自己的后现代主义形式宣言。他反对现代主义的核心内容，设计包含了大量清晰的古典主义的单调的形式特征，但总的来看仍然是简单明确的、功能性的、实用主义的。温图利追求一种典雅的、富于装饰的折中主义的建筑形式。他设计的英国国家美术博物馆圣斯布里厅是后现代主义建筑的重要代表作之一。

穆尔，美国杰出的后现代主义设计大师。他对于建筑设计一向持有非常浪漫的艺术态度，他的不少建筑都具有鲜明的舞台表演设计的特点。他对于自然环境、社区环境与建筑的吻合、协调非常重视,代表作是意大利广场、双树旅馆。

格里夫斯,美国建筑师,奠定后现代主义建筑设计的重要人物。他的设计讲究装饰的丰富、色彩的丰富,注重历史风格的折中表现。许多设计综合了画家和建筑师的双重技术,使之完美地融合成一体。他最重要的设计作品是波特兰市政大楼,成为最具代表性的后现代主义建筑。

约翰逊,美国最重要的设计理论家、当代建筑设计师之一,先后经历了两次重要的现代设计运动。他是最早把欧洲的现代主义介绍到美国的人物之一。他和米斯合作设计的西格拉姆大厦是其成为世界大师的重要转折点。在温图利提出"少则烦"的主张后,他设计了美国电话电报大楼,成为后现代主义的代表作之一。他代表了后现代主义设计中比较讲究保持古典主义精华完整性的一派。

矶崎新,后现代主义的重要代表,极具个人特点。他能够在现代主义与古典主义间找到一种非常微妙的关系,做到既有现代主义的理性,又具古典主义的装饰色彩和庄严,代表作是洛杉矶现代艺术博物馆等。

斯特林,英国杰出的后现代主义设计师。他的探索方向是标准的后现代主义式的,采用现代主义与古典风格相结合,并且加以嘲讽式的处理,严肃中充满了戏谑和调侃的味道,最典型的例子是德国斯图加特的新国家艺术博物馆。

罗伯逊,美国弗吉尼亚大学建筑学院院长,他主张改变现代主义、国际主义设计风格的冷漠及非人情化的倾向,希望能利用历史传统达到建筑的文化气息。他不希望对古典风格和历史风格进行嘲弄和戏谑,努力把现代主义的结构和古典主义的动机进行完美结合,其代表作有阿姆维斯特总部大楼等。

阿道·罗西,意大利重要的后现代主义设计师,他把环境的整体性、协调性看得至高无上,从而形成了他的设计方法和理论。最集中体现他原则的作品是莫迪纳市的公墓建筑。

其他还有法列尔、詹克斯、塔夫特事务所、博塔、罗什等都是后现代主义的重要代表。

第三节　其他主要新建筑设计

图15.3　蓬皮杜文化中心

一、高科技风格

高科技风格是从克朗和斯莱辛的著作《高科技》中产生的,高科技风格把现代主义设计中的技术成分提炼出来,加以夸张处理,形成一种符号的效果,把工业技术风格变为一种商业流行风格。高科技风格首先是从建筑开始的,从20世纪50年代末活跃起来,把注意力集中在创新地采用与表现预制的装配化标准构件方面,主张用最新的材料制造体量轻,用料少,能够快速与灵活地装配、拆卸与改建的结构与房屋,在设计上强调系统设计和参数设计。代表建筑有罗杰斯的蓬皮杜文化中心等。

位于巴黎的蓬皮杜文化中心(见图15.3)外貌奇特,钢结构梁、柱、桁架、拉杆甚至是涂上颜色的各种管线都不加遮掩地暴露在立面上。红色的是交通运输设备,蓝色的是空调设备,绿色的是给水、排水管道,黄色的是电气设施和管线。人们从大街上可以望见复杂的建筑内部设备,五彩缤纷、琳琅满目。

过度高科技是一种对工业化风格、高科技风格的冷嘲热讽的表现,具有更高的个人表现特点,也比较难以批量化生产。此风格充满了荒诞不经的细节处理,表现了设计师对于高技术、工业化的厌恶和困惑,是朋克文化、霓虹灯文化的一种体现,它明显的讽刺特征使得它不可能得到广泛的欢迎。

二、解构主义

解构主义的形式实质是对结构主义的破坏和分解,其作为一种设计风格形成于 20 世纪 80 年代。在建筑上最先开始,从字意来看,解构主义所反对的是正统原则和正统标准,即现代主义、国际主义原则与标准,因此其具有很大的随意性、个人性特点。后现代主义兴盛了不长时间就衰退了,重视个体、部件本体,反对总体统一的解构主义哲学却被少数设计师认同,被认为是具有强烈个性的新哲学理论。重要的代表人物有弗兰克·盖里、艾什曼等。盖里的设计采用了解构的方式,即把完整的现代主义、结构主义建筑整体进行破碎处理,然后重新组合,形成破碎的空间和形态。他的作品具有鲜明的个人特征,采用解构主义哲学的基本原理。重视结构的基本部件,认为基本部件本身就具有表现的特征,完整性不在于建筑本身总体风格的统一,而在于部件的充分表达。虽然其作品基本都有破碎的总体形式,但这种破碎本身却是种新的形式,解析了以后的结构。盖里的设计代表了解构主义的精神精华。艾什曼常运用现代主义、国际主义的各式结构,但大部分部件却是解构的,总体的风格是非一般几何式的,复杂的,其代表作有威克斯奈视觉艺术中心等。解构主义并没有能够真正成为引导性的风格,它一直是一种知识分子的前卫探索,具有强烈的试验气息。

柏林犹太博物馆(见图 15.4),也称柏林犹太(人)纪念馆、柏林犹太(人)历史博物馆等,位于德国首都柏林第 5 大道和 92 街交界处,现在已经成为柏林的代表性建筑物。该馆是欧洲最大的犹太人历史博物馆,其目的是记录与展示犹太人在德国前后共约两千年的历史,包括德国纳粹迫害和屠杀犹太人的历史。博物馆多边、曲折的锯齿造型像是建筑形式的匕首。许多人认为这个建筑本身就是一个无声的纪念碑,作为解构主义建筑的代表作,无论从空中、地面、近处、远处,它都给人以强烈的视觉冲击,让博物馆不再是照片展览的代名词,而是更多地通过建筑的设计给人一种身临其境的震撼和感受。

博物馆外墙以镀锌铁皮构成不规则的形状,带有棱角尖的透光缝,由表及里,所有的线、面和空间都是破碎而不规则的,人一走进去,便不由自主地被卷入了一个扭曲的时空,馆内几乎找不到任何水平和垂直的结构,所有通道、墙壁、窗户都带有一定的角度,可以说没有一处是平直的。另一条走廊通向霍夫曼公园,也称"逃亡者之园",位于外院的一块倾斜的平面上,有 49 根高低不等的混凝土柱体,表现犹太人流亡到海外谋生的艰苦历程。

图 15.4　柏林犹太博物馆

三、新现代主义

在温图利向现代主义提出挑战以来,除了后现代主义,还有一条道路就是对现代主义的重新研究和发展,被称为新现代主义或新现代设计。新现代主义坚持现代主义的传统,根据新的需要给现代主义加入了新的简单形式的象征意义,但总体来说它是现代主义继续发展的后代。这种依然以理性主义、功能主义、减少主义方式进行设计的风格,遵循人数不多但影响巨大。20 世纪 70 年代从事现代主义设计的以"纽约五人"为中心,他们的作品遵循了现代主义的功能主义、理性主义,但却赋予象征主义的内容。新现代主义是在混乱的后现代主义之后的一个回归过程,重新恢复现代主义设计和国际主义设计的一些理性的、次序的、功能性的特征,具有它特有的清新味道。新现代主义的代表作有迈耶的装饰艺术博物馆等。

图 15.5　旧金山现代艺术博物馆天窗

四、新理性主义

新理性主义兴起于 20 世纪 60 年代后期,中心在意大利,后向欧洲其他国家扩展,特点是强调古典主义几何形式的应用,但并不是极力地挽留历史、重复历史,而是客观地认识历史,以理性的眼光去看待历史。在历史与现代工业秩序之间寻找有机纽带,并创造一种融合过去的设计手法,带有怀旧特征。

旧金山现代艺术博物馆是马里奥·博塔最早设计的博物馆,也是他在美国的第一个作品。整个建筑外立面铺有红褐色调的面砖,有着带巨大天窗的圆塔(见图 15.5),像是把建筑物中央的圆柱体斜着切开一样(自然光线从这里泻入建筑内部),仅在该圆柱体部分用黑白相间的斑马条纹来加以强调,完全对称的正立面洋溢着古典建筑中才能见到的那种沉稳情调。由于博物馆所处的地块的三面都被高层建筑包围,这使得他的作品在周围一群灰白色的建筑中显得尤为突出。

五、新地域主义

新地域主义是现代建筑中比较"偏情"的风格,既要讲技术又要讲形式,而在形式上又强调自己的特点,讲究人情化与地方性的倾向,最先活跃于北欧,在日本等地也有所发展。代表人物是芬兰的阿尔托,他肯定了建筑必须讲经济,批评了两次大战之间的现代建筑,说它们是只讲经济而不讲人情的技术的功能主义,提倡建筑应该同时综合解决人们的生活功能和心理感情需要。在造型上,不局限于直线、直角,喜欢用曲线;在空间布局上,主张有层次感、有变化;在房屋体量上强调人体尺度。

新地域主义代表建筑有西班牙的国家罗马艺术博物馆,如图 15.6 所示,博物馆的设计避免了对罗马式建筑的完全复制,倾向于引导观光客进行游历,采用一种极其开敞自由的空间尺度。

马来西亚的石油双塔大厦(见图 15.7)曾经是世界最高的摩天大楼,直到 2003 年 10 月 17 日被台北 101 超越,但仍是目前世界最高的双塔楼。楼高 452 米,地上共 88 层,由美国建筑设计师西萨·佩里设计,大楼表面大量使用了不锈钢与玻璃等材质,并辅以伊斯兰艺术风格的造型,反映出马来西亚的伊斯兰文化传统。

六、粗野主义

"粗野主义"是 20 世纪 50 年代下半期到 60 年代喧嚣一时的建筑设计倾向,典型特点是"毛糙的混凝土、沉重的构件和它们的粗鲁结合",由英国史密森夫妇提出。他们认为"粗野主义"不单是形式问题,而且同当时社会的现实要求与条件有关;认为建筑的美应以结构与材料的真实表现为准则,不仅要诚实地表现结构与材料,还要暴露它的服务性设施。英国建筑师斯特林 20 世纪 60 年代的作品,开始摆脱粗野主义的牵制,设计风格比较讲求功能、技术与经济,在形式上没有框框,自由大胆,可谓"野而不野"。20 世纪 60 年代下半期以后"粗野主义"逐渐销声匿迹。

印度昌迪加尔高等法院(见图 15.8)外表是裸露着的混凝土,上面保留着模板的印痕和水迹。大门廊之内有坡道,墙壁上点缀着大大小小不同形状的孔洞,并涂以红、黄、蓝、白等鲜艳色彩。怪异的体形、超乎寻常的尺度、粗糙的混凝土表面和不协调的色块,给建筑带来了怪诞粗野的情调。

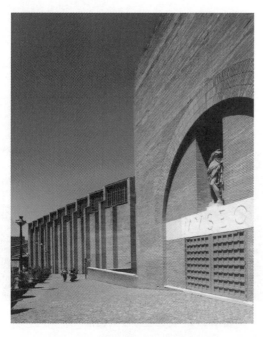

图 15.6　国家罗马艺术博物馆

图 15.7　石油双塔大厦

图 15.8　昌迪加尔高等法院

耶鲁大学艺术与建筑系大楼外墙用有竖向条纹的毛面现浇混凝土装饰,突出水平与垂直构件的相互交织错落,如图 15.9 所示。

七、典雅主义

典雅主义(形式美主义)又称新古典主义。赞成者认为它给人一种古典建筑似的有条理、有计划的安定感,并能使人联想到业主的权力与财富;反对者认为它在美学上缺乏时代性、创造性,是思想简单、手法贫乏的无可奈何的表现。

美国驻印度大使馆建于 1955 年,是典雅主义的代表作。为适应印度干热的气候,主体建筑采用了封闭的内院式建筑,内外均设柱廊,并在其后衬以白色漏窗式幕墙,整个建筑端庄典雅,如图 15.10 所示。

粗野主义主要流行于欧洲,典雅主义流行于美国。粗野主义是第二次世界大战前"现代建筑"中功能、材料与结构在战后的夸张表现,而典雅主义致力于运用传统的美学法则对材料与结构进行"真实"表现,以使现代的材料与结构产生规整、端庄与典雅的庄严感。典雅主义讲求钢筋混凝土梁、柱在形式上的精美,追求钢和玻璃结构在形式上的精美。

图 15.9　耶鲁大学艺术与建筑系大楼

图 15.10　美国驻印度大使馆

八、象征主义

象征主义讲求个性与象征,在建筑形式上变化多端,运用几何形构图。华盛顿国家美术馆东馆建于 1978 年,是轰动一时的成功运用几何形体的建筑,由著名的美籍华裔建筑师贝聿铭设计。东馆造型醒目而清新,由两个三角形组成的平面与环境非常协调,如图 15.11 所示。内部空间十分舒展流畅,适用性极强,各部位的精心设计带给观众宜人的感受,如图 15.12 所示。

图 15.11　华盛顿国家美术馆东馆

图 15.12　华盛顿国家美术馆东馆内部

汉堡易北爱乐音乐厅的外形由内部的空间形状决定。周围墙体曲折多变,屋顶的形状由内里的天幕似的天花板确定。整个建筑物的内外形体都极不规整,难以形容,如图 15.13、图 15.14 所示。

悉尼歌剧院位于澳大利亚悉尼,是 20 世纪最具特色的建筑之一,也是世界著名的表演艺术中心,已成为悉尼市的标志性建筑,是象征主义风格的建筑,像在风浪中鼓帆前进的巨型帆船,又像漂浮在悉尼港湾海面上的洁白贝壳,如图 15.15 所示。这栋建筑物的形状实际上参照了一个被剥开的球体的扇形部分。

图 15.13 爱乐音乐厅

图 15.14 爱乐音乐厅内部

图 15.15 悉尼歌剧院

思考题

1. 高科技风格的代表建筑是_____。

2. 什么是后现代主义建筑？

3. 第二次世界大战后的建筑设计倾向有哪些？

参考文献

[1] 潘谷西.中国建筑史[M].6版.北京:中国建筑工业出版社,2009.

[2] 梁思成.中国建筑史[M].北京:生活·读书·新知三联书店,2011.

[3] 刘敦桢.中国古代建筑史[M].2版.北京:中国建筑工业出版社,1984.

[4] 楼庆西.中国古建筑二十讲[M].北京:生活·读书·新知三联书店,2001.

[5] 中国建筑设计研究院建筑历史研究所.《营造法式》图样[M].北京:中国建筑工业出版社,2007.

[6] 梁思成.清工部《工程做法则例》图解[M].北京:清华大学出版社,2006.

[7] 彭一刚.中国古典园林分析[M].北京:中国建筑工业出版社,1986.

[8] 丁俊清,杨新平.浙江民居[M].北京:中国建筑工业出版社,2009.

[9] 刘叙杰,傅熹年,郭黛姮,等.中国古代建筑史[M].北京:中国建筑工业出版社,2003.

[10] 沈福煦.中国建筑史[M].上海:上海人民美术出版社,2012.

[11] 毛心一,王璧文.中国建筑史[M].北京:东方出版社,2008.

[12] 王其钧.华夏营造 中国古代建筑史[M].北京:中国建筑工业出版社,2005.

[13] 刘淑婷.中外建筑史[M].北京:中国建筑工业出版社,2010.

[14] 陈志华.外国建筑史(19世纪末叶以前)[M].北京:中国建筑工业出版社,1979.

[15] 刘松茯.外国建筑历史图说[M].北京:中国建筑工业出版社,2008.

[16] 沈玉麟.外国城市建设史[M].北京:中国建筑工业出版社,1989.

[17] 王受之.世界现代设计史[M].北京:中国青年出版社,2002.

[18] 罗小未.外国近现代建筑史[M].2版.北京:中国建筑工业出版社,2004.

[19] 罗小未,蔡琬英.外国建筑历史图说[M].上海:同济大学出版社,2005.

[20] 吴焕加.20世纪西方建筑史[M].郑州:河南科学技术出版社,1998.

[21] 毛坚韧.外国现代建筑史图说[M].北京:中国建筑工业出版社,2008.

[22] 王其钧.外国古代建筑史[M].武汉:武汉大学出版社,2010.

[23] 陈志华.外国古建筑二十讲[M].北京:生活·读书·新知三联书店,2004.

[24] 陈志华.西方建筑名作(古代—19世纪)[M].郑州:河南科学技术出版社,2000.

[25] 王英健.外国建筑史实例例集Ⅳ(世界现代部分)[M].北京:中国电力出版社,2006.